"성실한 띵굴마님을 닮은 그 밭은 우리 삶을 보여주는 것 같아요.
그곳의 채소들은 참 행복할 것 같습니다."

"땅은 정직하다는 말이 딱 맞는 듯해요. 정성을 다해서 사랑으로 키운 게 보여요."

"한 골 한 골 수확하다 보면 작은 것에도 감사하는 마음을 배울 수 있을 것 같아요."

"진정 친환경적인 삶을 살고 계시는군요.
하루하루 먹는 거 하나 하나가 다 몸으로 나타난다는데…
저도 나중에 아이가 편식하지 않기 위해,
그리고 가족의 건강을 위해, 외식 줄이고 인스턴트식품 줄이고,
채소를 열심히 길러 먹어야겠다는 생각이 들어요."

"친정아버지는 농부이신데, 늘 하시던 말씀… '땅은 거짓말하지 않는다!'
띵굴마님이 얼마나 열심히 돌보고 가꾸고 정성을 쏟았는지 열매가 말해 주네요."

"왜 채소들을 보며 힐링이 되는 걸까요?
힘들고, 더워서 귀찮을 때도 있으시죠?
그래도 직접 기르고 가꾸고 수확하는 띵굴마님은 더 위로가 되겠죠!"

- 띵굴마님 블로그 『그곳의 그집』 흙살림 댓글 중에서 -

흙 살림이 좋아

띵굴마님 이혜선이 지었습니다

for book fresh

첫인사
저는 과수원집 며느리입니다

거기, 충주의 조용한 시골 마을. 그곳에 있는 과수원집 아들과 저, 둘이서 연애 걸었어요. 코흘리개 시절에 처음 만나 흙장난하면서 같이 놀던 초등학교 동창이었어요. 어른이 되어 도시에서 다시 만났을 때, 왜 그랬는지는 알 수 없지만 저는 그 사람한테서 시골 냄새가 난다고 생각했었죠.

아마도 그 시골 냄새는 흙냄새였나 봐요. 순수한 냄새, 묵직한 냄새, 한결같아서 좋은 모습 같은 거요. 시집가서 확실히 알게 되었어요. 아! 이 남자는 부모님을 꼭 닮았구나, 하는 거요. 흙을 닮은 시부모님의 진득한 정을 느끼면서는 나 진짜 시집 잘 왔구나, 그랬죠. 농사에는 거짓말이 통하지 않잖아요. 농부의 발자국 소리를 들으면서 흙이 품은 것들이 자란다고 하잖아요. 그 마음으로 자식을 키워 내셨겠죠. 그 마음으로 나무마다 주렁주렁 과실 무르익게 하셨겠죠. 어느 놈 하나 편애하는 법 없이, 고른 사랑을 주시면서 말이에요. 그래서 저도 농부 흉내를 내보기로 했습니다. 시어른의 삶 속에서 보고 배운 농부 흉내, 바로 이것이 이 책 속에 담긴 알맹이라고 할 수 있을 테지요.

농부 흉내 좀 내보겠다고
집 근처의 밭을 빌린 후
하루가 멀다 하고 달려갔지요

해마다 수확 철 무렵이면 저희 집은 과일 풍년이에요. 자두, 배, 사과… 두 어른이 정성으로 키워낸 아이들이 저희 집으로 데굴데굴 굴러 들어오는 거예요. 흙과 볕이 키워낸 달달한 그 아이들은 황홀하죠. 정말 꿀맛이거든요. 한 놈도 놓치지 않고 박박 씻어서 껍질째 베어 먹고, 즙으로 주스로 갈아 먹고, 잼으로 익혀 먹고 하면서 한바탕 부엌 잔치가 벌어지게 마련입니다.

먹다가, 먹다가 문득 생각합니다. 이것들을 키우느라 얼마나 힘드셨을까, 하고. 평생의 업이라고는 하지만 애정 없이는 불가능한 일이라는 생각이 들어서입니다. 그러면 괜히 마음이 숙연해지죠. 등이 휘어가는 줄도 모르고 땅을 일구시는 시부모님이 참 은혜롭게 느껴지는 순간이기도 합니다. 자식들 입에 좋은 음식 들어가는 것만 봐도 배가 부르다 하셨던 마음이 어떤 건지 제대로 체험하는 순간이라고나 할까요.

만약 우리 엄마가 계셨다면… 네. 이 글을 쓰고 있는데 갑자기 엄마 아빠 생각이 나네요. 살림 좋아했던 울 엄마도 스스로 밭을 일궈 키워낸 채소들을 상에 올리곤 했으니까요. 충주 촌마을에서 의사라는 업을 기쁘며 사셨던 아빠는 엄마의 그 솜씨를 언제나 자랑스러워하셨지요. 살아 계셨다면 저도 두 분을 위해 그렇게 했을 것 같습니다. 제 밭에서 제 손으로 일군 채소들로 거친 음식 한 상씩 차려내곤 했을 텐데… 그저 마음뿐입니다. 너무 일찍 떠나셨던 두 분의 인생이란, 세월이 한없이 흘렀는데도 이렇게 마음 저미는 일이군요.

텃밭 책에다 왜 이렇게 구구절절 가족 얘기를 하고 있는가 하면 말이죠. 흙이란 꼭 엄마 같아서요. 아기 같은 씨앗 품어 키우고 정주고 도닥여서 기어이 세상 밖으로 튼실하게 내놓는 씀씀이가 더도 덜도 아니고, 딱 부모 마음 같아서입니다. 이런 제 마음을 어떻게 알았는지 이 책을 펴내기 전, 기획자들과 함께한 회의 시간에 그런 이야기들이 오갔죠. 흙처럼 살아보기, 이 책으로 그 이야기를 해보자고. 우리는 모두 끄덕끄덕, 진심으로 공감했습니다.

그도 그럴 것이 텃밭을 일군다는 것은 시시한 정성으로는 되지 않는 일이었습니다. 기술 익혀 흉내만 낸다고 되는 일도 아니었어요. 올곧이, 듬뿍, 진심을 다해서 사랑해 주어야 쓰윽 머리를 내미는 것이 채소의 자존심이거든요. 그놈들 참, 기세등등하거든요. 뭐든 일단 시작하면

끝장을 보아야 하는 성미 덕분에 그동안 저, 진짜 힘들었습니다.

"마님, 그냥 솔직히 말해 봐요. 오프 더 레코드로 비밀 딱 지킬 테니까 우리한테만 털어놔요. 마님 새벽마다 몰래 나가서 밭에다 농약 쫙쫙 뿌리고 그러는 거죠? 우리 말이 맞죠?"

"어머나! 이분들 좀 보시게. 저한테 왜 그러세요?"

"그렇지 않고서야 유독 마님 밭만 그렇게 수수 장대같이 무성해질 수가 있겠어요? 날이면 날마다 산신령님 다녀가시게 하는 것도 아닐진대!"

"아뇨! 저요. 진짜로 죽을힘 다해서 키우거든요! 저한테 사랑받으려고 지들끼리 경쟁하는가 보죠, 뭐. 푸힛!"

의심의 눈초리로 저를 바라보는 에프북 에디터들에게 일침을 날렸더랬습니다. 사람들, 참! 속고만 살았나. 짬짬이 갖은 쌈 실어 날라다 한 상씩 차려주곤 했는데 그렇게 섭섭한 소리들을 하네요. 그런데 혹시 독자 여러분들 중에도 그런 분이 계시는 건 아니겠죠? 단언컨대 띵굴의 채소밭은 요령이나 눈가림 없이, 그저 무식할 만큼 성실한 태도로 꾸려가는 선한 세상이랍니다.

농업기술센터 홈페이지 들락거리고,
텃밭 관련 책들 밑줄 그어 읽으면서
애지중지 가꾼 나의 '임대 텃밭'

이 책은 크게 두 가지 장으로 분류됩니다. 일 년 열두 달 채소밭 돌보는 요령에서부터 스케줄까지 정리한 핵심 페이지와 그 밭에서 키운 채소들 갈무리하고, 음식 해 먹는 이야기로 분류했어요. 모르기는 해도 딱 1년만 이 책을 가지고 놀아보신다면 채소밭 일구기에는 어느 정도 눈이 뜨일 거라 여겨집니다.

사실 저, 고생 많았습니다. 정말 겁 없이 덤볐거든요. 덜컥, 밭을 임대 받고는 씨앗들 퍼 나르고 심어댔죠. 농약만 안 뿌리면 저절로 유기농 채소가 거둬지는 줄 알았으니 말 다 했죠, 뭐. 몇 해를 그렇게 '집 나와 개고생' 하고 난 뒤에야 하나둘, 흙 다루는 기술이 몸에 붙더군요.

여러분은 저처럼 무지하게 시작하기보다 미리 공부한 뒤에 차근차근 준비하시라고 권합니다. 참! 저는 농촌진흥청 홈페이지(www.rda. go.kr)와 각 지역 이름의 농업기술센터에서도 다양한 공부를 할 수 있었답니다. 특히 농업기술센터 홈페이지에는 작물별 기르기 정보는 물론, 지역마다 다른 파종이며 수확 시기 같은 것도 수록되어 있어요.

선배 텃밭지기들이 펴낸 책도 큰 도움이 되었습니다. 『도시 농부 올빼미의 텃밭 가이드』 『유기농 채소 기르기 텃밭 백과』 같은 사전 식 책이 참 유용했고, 술술 잘 잘 읽히는 『반농생활』이나 만화 식으로 구성된 『나의 애완 텃밭 가꾸기』 같은 책도 곁에 두고 살았답니다. 제가 그랬듯이 이 책도 누군가의 텃밭 가꾸기에 미약하나마 힘이 되었으면, 싶어요.

물론 고민도 있었습니다. 대다수의 사람들이 아파트에 살고 있고, 땅뙈기조차 가질 수 없는 형편이니 베란다 채소 정도의 규모가 맞는 게 아닐까, 싶었거든요. 그런데 솔직한 심정으로 베란다 텃밭은 제약도 많고, 가짓수도 한정되어 있어 '키워 먹기'에는 아무래도 역부족이었습니다. 키우는 기쁨을 누리기에는 충분하지만 늘 먹는 채소들을 밥상 위에 올리기까지에는 아쉬움이 많이 남았던 거지요.

그래서 저는 임대 텃밭으로 눈을 돌렸습니다. 마당 있고 텃밭 있는 집에 살 수는 없어도, 텃밭 하나쯤 빌릴 수는 있으니 무얼 더 바랄까, 싶었나 봅니다.

만약 옥상 있는 집이라면 그 자

리를 활용해 보는 것도 방법이겠죠. 베란다에 비하면 임금님이고, 주말 농장과 비교해도 손색없는 자리가 바로 옥상일 테니까요. 빌라나 다세대주택에 공동 텃밭이 있다면 거기에서 시작해 보는 것도 좋겠습니다. 밭이 어디든, 일단 내 손으로 채소 몇 가지 키워 먹어보면 저절로 욕심이 생기게 마련이니까요. 안 하고는 못 배기게 될 테니까요.

해보니 생각보다 혜택이 어마어마했습니다. 안살림에 바깥 살림까지, 일이 두 배로 늘어나 몸이 고되다는 사실 하나만 빼고는 무한정의 기쁨을 얻을 수 있었어요. 무엇보다 내 가족이 즐겨 먹는 채소는 다 키울 수 있으니 식비 걱정 줄고, 채소 밥상이 저절로 차려지니 건강 걱정 줄고, 게다가 내 손으로 키운 품종들이니 식품 안전에 대한 근심도 줄고…. 쌈 채소 같은 건 지천으로 널렸으니 이웃들과 나눠 먹기에도 제격인데다 뿌리채소와 열매채소들은 저장 식품으로 쟁여두기에도 안성맞춤이라 어깨춤이 덩실덩실!

또 한 가지, 내 발길을 기다리는 내 땅이 있다는 자부심도 빼놓을 수 없습니다. 매일 출근은 당연지사인 데다 주말이나 휴일이면 남편 손 붙들고 가서 피크닉 하듯 놀다 오는 일이 다반사. 하늘을 올려다보고, 땅을 밟아보고, 계절을 느끼면서 내 새끼들 어루만져주는 보람을 어디 한두 마디로 표현할 수 있을까요. 아이들 데리고 나가면 저절로 자연학습까지 이뤄질 테니 꼭 한번 시작해 보시라고 권하고 싶었던 거지요.

사실은 원고를 넘겨 놓고도 1년 가까이 묵힌 뒤에야 만들 수 있게 된 책입니다. 어느 날부터인가, 제 삶이 갑자기 분주해졌거든요. 그 바람에 〈에프북〉에디터 분들이 날마다 저희 집으로 와서 작업을 하는, 초유의 사태까지 빚었다니까요. 하지만 오래 발효 시켜 만든 책이니… 한결 유용하지 않을까요? 하하하!

흙에서 인생을 배웁니다. 거짓말 하지 않기, 성실하기, 품어주기, 그리고 온 마음으로 사랑하기. 지금부터 제가 몸으로 익힌 그 이야기들을 건네겠습니다. 당신도 딱 1년만, 저와 함께 텃밭지기로 살아 보는 건 어떨까요?

띵굴마님 이혜선 씀

1

딱 1년만 마님 흉내 내고 농부 되어보기
일 년 열두 달, 띵굴마님 식 흙 살림 일기

10

11

2

내 밭에서 내가 키웠으니 이보다 좋을 수야!

식탁 위의 텃밭, 띵굴마님 식 채소 레시피

봄날의 밥상머리

12

여름, 텃밭이 낳은 것들로 밥해 먹기

가을겨울, 잘 먹고 잘 살기

"내 새끼들, 밤새 잘 있었니?"
흙 살림이 이렇게나 기쁜 이유

집에서는 안살림, 밖에서는 흙 살림

그간 몇 권의 책을 통해 '집으로 출근하는 여자'라는 삶의 모토를 공개한 뒤부터 제 살림은 이른바 '공개 살림'이 되어 버렸습니다. 요리, 빨래, 청소, 수납 등등 살림이라고 이름 붙인 것들은 죄다 접수하겠다는 듯이 팔 걷어붙이게 된 거지요. 하지만 살림이 꼭 집에서만 해야 하는 일은 아니죠. 살림살이 쇼핑도 살림이고, 텃밭을 가꾸는 일도 살림이니까요. 더구나 식비 줄여주고, 가족 건강까지 챙길 수 있는 흙 살림이야말로 살림 중의 으뜸이라고 자부할 수 있답니다. 집에서는 안살림, 텃밭에서는 흙 살림! 지루할 틈 없이 살아가게 하는 것이 텃밭의 마력이죠.

베란다의 체증 확 풀어주는 너른 밭

저는 다품종 소량 관상을 목표로 삼고 좁디좁은 베란다에서 꽃과 식물을 기릅니다. 거실은 이미 확장 공사가 된 전셋집이라, 아예 베란다가 없으니 안방 베란다를 활용했어요. 덕분에 아침이면 마치 정원 속 침실인 듯 흙냄새를 맡으며 깨어납니다. 하지만 늘 아쉬웠어요. 꽃보다 채소를 키우면 더 좋을 텐데 싶어 몇 차례 도전도 해보았습니다. 그런데 역시 한계가 있더군요. 결국 주말농장으로 눈을 돌렸죠. 고작 4~5평의 땅에 뭘 심겠나 싶었는데 일상의 채소에 허브까지, 충분하던 걸요. 베란다에서 고물거리며 아쉬웠던 마음이 씻은 듯 사라졌답니다.

식비와 레저비 줄여주는 알뜰 텃밭

텃밭의 장점은 뭐니 뭐니 해도 머니(money)죠! 봄에는 쌈 채소, 여름에는 열매채소와 감자, 가을에는 시금치와 당근, 겨울에는 김장거리…. 먹고, 나눠도 남을 만큼 풍성한 식재료를 얻을 수 있으니까요. 게다가 알찬 수확을 올리기 위해서는 최소 1주에 한 번, 아무리 게을러도 2주에 한 번은 들러야 해요. 그러다 보니 자연스럽게 텃밭 레저가 이뤄지데요. 저희 부부는 워낙 바깥 놀이를 좋아하는 체질이라 레저비가 만만치 않았는데, 밭 놀이를 시작하면서는 놀면서 수확하는 일석이조의 기쁨을 얻게 되던 걸요. 식비와 레저비가 동시에! 확실히 줄었다니까요.

마음 다스려주는 나의 힐링 스페이스

다섯 평 밭을 두고 논하기에는 거창한 말이지만 저는 텃밭에서 힐링해요. 물론, 처음 밭을 가졌을 때는 우왕좌왕, 좌충우돌이었죠. 그런데 장마를 견디고, 뙤약볕에 김매기를 한두 해 반복하다 보니 깨닫게 되는 것이 있었어요. 하늘 아래서 흙 만지며 몸 써서 일하는 동안, 이고 지고 나왔던 소소한 걱정거리들이 저절로 사라진다는 거죠. 여자들은 참 걱정이 많잖아요. 잔일이 많으니 잔걱정도 많은 거죠. 그런데 흙에게 말을 건네고, 잎사귀나 열매들이랑 눈을 맞추다 보면 마음이 저절로 편안해지는 거예요. 직접 나가보세요. 제 말이 무슨 뜻인지 무릎을 탁 치게 될걸요.

건강 관리까지! 농사 다이어트

농사를 통해서 적당한 운동 효과를 거둘 수 있어요. 몇 해 동안 실제로 몸을 써보니 활동량이 정말 어마어마하더군요. 예를 들면 이런 거죠. 곡괭이질이나 삽질 같은 건 수영만큼이나 강도 높은 전신 운동이 된답니다. 더구나 그 작업을 지속적으로 반복해야 하니 땀범벅이 되기 십상이죠. 흙의 저항을 느끼면서 근육을 움직이기 때문에 운동량이 정말 만만치 않거든요. 물조리개 이고 오가는 일, 서 있거나 쪼그리고 앉아서 작업하는 동작 등등이 자연스럽게 유산소 운동으로 이어지니… 살 빠지는 건 시간문제랍니다.

기다리는 법을 알려주는 흙 살림 학교

요리는 좋은 재료에 양념 아끼지 않으면 대체로 원하는 맛이 나죠. 청소나 수납도 몇 가지 원칙만 따르면 문제없어요. 대부분의 살림이란 정성 쏟으면 좋은 결과를 얻을 수 있잖아요. 그런데 저요. 흙 살림을 시작하면서 코가 납작해졌어요. 살림에도 내 마음대로 되지 않는 일이 있다는 것을 제대로 알려준 분야였죠. 아무리 애써도 장마에 다 쓸려가고, 정성으로 돌봐도 자연의 오묘한 기운이 작황에 큰 변화를 미치니까요. 기다리는 법. 밭에서 그 진리를 배웁니다. 참고 기다리며 정성을 다하는 것만이 밭도 인생도 풍성하게 만들 수 있다는 걸 말입니다.

합법적 낮술을 허하노니 애주가 남편과 함께 하세요

주말농장 장만하셨어요? 혹시 혼자 해볼 작정이세요? 축하드려요. 하지만 많이 외롭고(?) 힘들 거예요. 가족 동의 없이 덜컥 시작했다가 빈 밭으로 놀리기도 하고, 취미가 달라서 주말마다 부부 싸움의 원인이 된다고도 하더군요. 그러니 가급적이면 아이들은 물론 부부간의 동의를 구하고 시작하세요. 일년 농사를 짓다 보면 남편 손길, 아내 손길이 동시에 필요할 때가 많아요. 집 안 살림과 똑같죠. 취미가 다를 경우, 억지로 권하지 말고 좋은 아이디어들을 활용해 보는 것은 어떨까요.

특히 게으른 남편들에게 호미 들려줄 방법 중 하나가 바로 '낮술'이에요. 몸 써서 일하는 노동 후 막걸리 한 잔! 고거, 고거! 맛이 장난이 아니거든요. 저희 부부는 밭에 갔다가 돌아올 때 식당에 들러 반주를 곁들이거나 아예 아이스박스에 맥주와 막걸리를 장착하고 일하러 가거든요. 힘들게 일한 우리에게 주는 선물이죠. 술 좋아하는 남편에게 슬쩍 낮술을 권해 보세요. 합법적인 낮술을 허하면서 유혹하게 되면 못 이기는 척 따라나설 수 있으니까요.

텃밭 채소는 스스로 자라니 미리 걱정할 필요 없어요

지인 중 한 분의 경험담 한번 들어보실래요? 2월에 전화로 밭 계약하고, 3월 말에 땅 위치 살짝 확인하고, 4월 초에 모종 구입해 바로 밭으로 향했다고 해요. 흔한 배치도 하나 없이 계획도, 뜻도 없이 마구 심었다네요. 나중에 보니 고추 사이에 피망이 섞여 있는 것 말고는 채소가 쑥쑥 잘 자라기만 하더라고 자랑이 이만저만 아니었어요. 뭐든 시작하기 전에 책부터 사서 공부하고, 장비질(?)부터 하는 저를 놀리는 마음도 있었겠죠.

여기서 포인트! 사전 지식 없이 덜컥 밭으로 나갔다 해도 일단 즐겁게 시작했다면 농사의 절반은 이미 완성이라는 뜻이에요. 그러니 용기를 내세요. 밭에서 나고 또 자라는 채소들이란 본래 자생력이 남다르죠. 때로는 그냥 놓아두어도 꽤 잘 자라는 착한 녀석들이거든요. 게다가 이렇게 텃밭 농사지어서 어디 내다 팔 것도 아닌데, 전문 지식 좀 없으면 어때요? 제 경우, 잎채소는 대부분 씨를 뿌리고 열매채소는 모종을 심었어요. 그 다음부터는 열심히 찾아가 응원만 해주면 지들끼리 힘을 낸답니다.

19

"작은 텃밭 하나 장만하셨어요?"
초보 농군들을 위한 알짜배기 정보

재배 기술보다는 다양한 체험이 더 중요해요

3년 전, 주말농장을 시작할 때만 해도 백과사전 식, 만화, 경험서 등 다양한 형식의 주말농장 관련 책들을 구입해 먼저 공부했어요. 처음이긴 하지만 오랜 기간 원예 경험이 있고, 나름 준비한 것도 있으니 망설임도 전혀 없었죠.

씨 뿌리고, 모종 심고, 지주 세우고, 김매고… 매뉴얼대로 차근차근 농사를 지었는데, 머릿속의 시뮬레이션은 온전히 제 착각이었다는 것을 뒤늦게 깨달았어요. 똑같이 정성을 쏟았는데 작년에는 작황이 좋았다가 올해는 반도 못 미치고, 처음 짓는 작물에 특별히 관심을 보이며 여러 차례 돌보았지만 기대만큼 자라지 못하고, 어느 해는 벌레 먹은 배추가 하나도 없다가 또 어느 해는 벌레 먹이로 배추를 헌납해야 하는 일도 있었거든요.

그러면서 자연스럽게 각각의 작물에 대한 감이 생겼어요. 한 주만 늦게 심어도 안 되는구나, 아무리 노력해도 자연 환경에 많은 영향을 받는구나, 토질이 한 해 단위로 달라지는구나, 하는 식의 깨달음이랄까. 엎어지고 무릎 깨지면서 얻은 체험 공부를 따를 것은 없답니다.

유기농 작물에 대한 로망과 기대는 접으세요

사실, 채소 농사를 시작할 때 오직 가족 건강 하나만 생각하고 주말농장을 임대 받은 분들이 참 많아요. 유기농 채소의 가격이 만만치 않으니 큰 결심을 하게 되는 거죠. 이제 와 하는 얘기지만, 저도 유기농이라는 걸 아주 만만하게 생각했거든요.

농약 안 주고, 사랑과 정성을 오직 그대에게만 드리면 고 녀석들이 여리고 신선한 자태로 쑥쑥 자라주는 줄 알았거든요. 그런데 직접 밭을 일구기 시작하면서 유기농 채소란 열 일 제치고, 손이 다 짓무르도록 살펴도 될까 말까 한 일이라는 걸 알았답니다. 사람도 아플 때는 약이 필요한데 채소라고 다를까요. 적당한 비료는 기본에다 필요에 의해 약이 요구되는 순간도 생기는 걸요.

그러니 처음부터 약 없이 오직 자연의 힘으로만 유기농 채소를 길러보겠다는 과한 결심은 세우지 마시기 바랍니다. 평생을 농사에 바친 어르신들이 들으면 "저 양반이 지금 뭐라는 거야?" 하면서 콧방귀를 뀌게 되신다니까요. 게다가 중도 포기의 결정적인 원인이 될 수도 있으니 야욕(?) 없이 융통성을 가지고 시작하는 게 좋아요.

기술이 없어 망치기보다 겁먹고 포기하기 십상이죠

사람마다 성격이 다르듯, 채소도 그래요. 어떤 아이들은 염려했던 것보다 잘 자라서 '어? 별것 아닌데…' 하고 만만히 보게도 하죠. 하지만 아주 솔직하게 말하면 채소만큼, 아니 채소보다 훨씬 더 쑥쑥 잘 자라는 게 잡초예요. 진딧물도 엄청 생기죠. 하지만 이것들을 골칫거리라고 생각하는 순간! 밭에 나가기가 딱 싫어진답니다.

주변을 둘러보면 쌈 채소부터 배추 농사까지 성공적으로 마치는 사람들은 절반 정도에 불과해요. 제 경험으로 미루어보면 그건 농사가 어려워서라기보다 장마 이후 지지대 쓰러지고, 풀숲이 되어버린 밭 앞에서 절망하고는 슬쩍 자취를 감춰버리는 거라고 할 수 있어요.

장마와 한여름 불볕더위는 말 그대로 밭농사의 고비거든요. 이때만 잘 넘기면 한 해 농사를 어느 정도 마무리할 수 있다고 장담해요. 그러므로 초보 농군이라면 이 고비를 미리 알고, 마음의 준비를 했다가 지혜롭게 넘기는 것도 방법이에요. 그리고 보면 농사를 짓는 일에는 끈기, 이 한 가지가 매우 중요할 것 같습니다.

다품종 소량 수확! 텃밭지기의 특권을 누리세요

전업농은 주력으로 하는 작물 한두 가지에 온 마음을 쏟지만, 사실 우리같이 시시한 텃밭지기들은 그들과는 좀 다르죠. 농사에 생업을 건 이들과 달리 매우 다양한 작물을 기를 수가 있거든요. 정도의 차이는 있지만 5평을 기준으로, 많게는 한 해에 50종까지도 기를 수 있다는 것을 꼭 기억하세요. 다품종 소량 수확! 이것이야말로 전업 농부님들은 누릴 수 없는 텃밭지기들의 특권이라고 할 수 있죠.

그런데 이제 막 텃밭 주인이 된 초보 농군들은 다양한 작물들을 심기보다 한두 가지에 목숨을 거는 편이에요. 상추 3줄, 치커리 2줄, 겨자채 2줄 등 늘 먹는 쌈 채소를 넘치도록 심어요. 쌈 채소란 그저 종류별로 다 합쳐서 2~3줄이면 충분하다고, 아무리 뜯어말려도 그것을 누구 코에 붙이나, 하면서 오기를 부리죠. 그러다 결국 차고 넘치는 쌈 채소를 버리는 일까지 경험하게 되거든요.

물론 이런저런 경험을 통해 밭농사의 즐거움을 알아가긴 하지만, 무조건 한두 가지 작물에만 집착하기보다는 다양한 품종에 도전해 보는 것이 좋은 방법이랍니다.

딱 1년간! 마늘 흉내 내고 농부 되어보기

이 책을 엮기 전, 어떤 스타일을 권해야 독자들을 흙 살림으로
유도할 수 있을지 깊은 고민을 했답니다. 일반적인 패턴으로
채소별 기르기 요령을 담는 것이 가장 쉽기는 하지만…

겨우 4~5평짜리 땅이라도 내 밭이 생긴 마당에 그런 가이드는
별로 좋은 아이디어가 되지 못할 것 같더군요.
게다가 그런 책은 시중에 정말 많이 나와 있거든요.

고심 끝에 찾은 방법이 몇 해 동안 저만의 농사 경험을 토대로 한,
1년 치 농사 다이어리를 만들어주자는 것이었습니다.

그러니까 딱 1년만 저를 따라오시면 텃밭을 일굴 수 있게 되는 거죠.
지난 몇 해를 거치는 동안, 서툴기는 하지만 꽤 열심히
흙 살림을 했던 저는 1월부터 12월까지 열두 달을 이렇게 살았답니다.

구경도 하시고, 정보도 가져가시면서 당신도 저처럼
흙의 마법에 빠져보았으면 좋겠습니다.

일 년 열두 달,
띵굴마님 식 흙 살림 일기

24

내 인생의 봄날은 언제쯤 올까? 기다리잖아요.
그런 날이 과연 오기는 하겠어? 끌탕도 하죠.
그런데 저요. 겨우 안방 크기만 한 텃밭,
그 땅의 주인이 되면서 진짜 어른이 되었나 봐요.
씨씨, 씨를 뿌리고요. 싹싹, 싹이 나면요.
인생이 막 흥미로워지고 또 기대가 되거든요.
니들 덕에 내 인생이 날마다 봄날이다, 하거든요.

봄입니다. 봄이 왔어요.
겨울잠에서 막 깨어난 딱딱한 흙을 갈아엎으며
올해는 또 얼마나 튼튼하고 탐스러운
잎과 열매들을 거두게 될까, 설레는 시간!
텃밭에도 봄바람 들어 살랑살랑, 흥겹습니다.

여름 왔네

여름 밭에 가면 사내대장부처럼, 대갓집 마님처럼
괜스레 큰소리로 떵떵거리고 싶어집니다.
이리 오너라! 하면서 팔자걸음을 걷고, 그렇게요.
왜냐하면 부자가 된 것 같거든요.
씨 뿌려 놓았더니만… 요것 봐라! 요놈들이 저마다
주렁주렁 무얼 달고 나와서 저를 기쁘게 만들죠.
보기만 해도 기분이 좋아서 얼씨구나, 덩실덩실!
이것들을 전부 다 밥상으로 옮겨 놓을 생각을 하니
벌써부터 군침 살살 돌면서 식욕이 폭발하는 걸요.

여름이에요. 볕도, 바람도 뜨거운 여름!
내 새끼들 쑥쑥 자라고 있는 텃밭에 쪼그리고 앉아서
물 주고, 정 주고, 사랑 주면서 엄마 노릇 좀 해야겠습니다.

가을인가

하늘은 높지요. 잎은 지지요.
낙엽 태우는 냄새는 누룽지 끓이듯 구수하지요.
계절이 하수상한 이 가을 날,
살림 진드기 모양 집에만 붙어살다 보면요.
정말이지 밥순이 언니가 된 것 같거든요.
잠시 짬을 내어 하늘 한번 올려다보면,
잠시 두 손 멈추고 낙엽 냄새 좀 맡으면,
그래도 좀 숨통이 트이지 않겠어요?

가을 왔어요. 가!을!
반찬 냄새에 찌든 몸과 마음을 텃밭에다 툭툭,
한껏 털어내기 좋은 때입니다.
저희 텃밭에서는 지금, 김장 걱정 말라고
배추와 무가 경연을 벌이고 있답니다.

다시 겨울

텃밭은 제 상사이자 사장님입니다.
왜냐하면 제게 휴가를 주니까요.
흙 살림 잠시 접고 쉬어가라, 하니까요.

겨울, 흙도 얼음이 되는 추운 날.
눈 내리고, 서리 앉아서 분 바른 듯 하얘진 텃밭을
한참 동안 무심히 쳐다보다 돌아왔습니다.
차가운 냉기에 주눅 들지 말라고,
봄여름가을 내내 애썼으니 너도 잠시 쉬라고,
용기 백배, 듬뿍 먹이고 왔다지요.
흙도, 사람도 휴식이 필요하다는 것.
밭일 줄어 심심해지면 괜스레 생각이 깊어진답니다.

겨울입니다.
아랫목에 마음 묻어두고 얌전히 기다리면서
곧 다가올 봄을 준비해 볼 참입니다.

텃밭 하나 갖고 싶다…
그 생각만으로는 아무것도
이룰 수 없습니다. 움직이세요.

우선 주말농장부터 구하는 겁니다.

인터넷 뒤지고, 전화를 거는 정도로도
텃밭 주인이 될 수 있습니다.
구하면… 절반은 벌써 성공한 거예요.

흙 살림에도 책상머리 공부가 필요하죠.
씨앗은 어떻고, 거름은 어떻고 하는
농사 공부!
1월은 우등생이 되기 위해 예습하는
시기입니다.

1월

농사에 정답은 없다지만,
알고 시작하면 더 재미지다
흙 살림용 예습 시작!

주말농장 구하기

농사지을 땅을 구하는 것은 의외로 쉬워요

대부분의 주말농장이 교외에 자리 잡고 있으니 도심 한가운데 산다면 거리 때문에 살짝 번거로울 수 있지만, 땅 자체를 구하는 일은 그리 어렵지 않습니다. 간단히 인터넷만 검색해도 주말농장 정보가 좌르르 뜨거든요.

그런데 무조건 땅을 구하기보다는 거리나 시설 등 조건에 맞는 땅을 구하는 것이 중요하겠죠? 발 빠르게 미리미리 알아보는 것이 좋아요. 대부분 주말농장은 2월부터 4월 초까지 계약을 받습니다. 계약 순서대로 이랑을 선택할 수 있으니 서둘러야 좋은 땅을 차지할 수 있답니다. 분양 면적은 1구좌에 4~10평. 농장마다 차이가 있고, 분양 가격도 연 단위로 5만~15만원으로 다양해요. 처음 농사를 지을 경우에는 4평 안팎으로 시작하는 것이 부담이 적어요. 보기에는 손바닥만 해 보여도 막상 작물을 심고 기르다 보면 만만치 않거든요. 참고로 저는 처음에 3평(1년 10만원)으로 시작해 다음 해에는 6평으로 넓혔어요. 어디서 정보를 얻어야 할지 막막할 때는 포털 사이트에서 '주말농장'을 쳐서 검색해 보거나 주말농장닷컴(www.jumalnongjang.com), 지역농업기술센터(각 지역 이름의 농업기술센터), 텃밭보급소(cafe.daum.net/gardeningmentor) 등을 토대로 삼고 시작해 보세요.

집에서 가장 가까운 곳을 찾는 것이 좋아요

만약 공짜로 밭을 얻을 기회가 생기거나, 맘에 쏙 드는 밭을 만났다고 해도 성급히 시작하지는 마세요. 30분 이상 차를 타고 가야 하는 거리에 있다면, 일단 다시 생각해 보는 것이 좋아요. 아무리 좋은 땅이라고 해도 몸과 마음이 닿지 않으면 수확이 쉽지 않고, 반면 아무리 조건이 좋지 않은 땅이라도 가까워서 자주 들르게 되면 옥토로 만들 수 있거든요.

거리가 멀면 마음도 멀어지고, 마음이 멀어지면 농사짓기가 수월치 않아요. 연애하는 것과 다르지 않죠. 한 주만 걸러도 그사이 밭은 엉망이 되기 십상! 한창 자라기 시작할 때는 주 1회로도 어림없거든요. 더구나 초보 농군의 경우, 탄력이 붙기 전까지는 번잡하고 귀찮다 싶을 때가 많아요. 아니, 밭을 돌보기 어려운 이유들을 찾아내고 있을 때도 많다니까요. 밭으로 나가는 일이 마치 직장에 일하러 가는 것처럼 무거운 발걸음이 되면 이미 그 밭은 주인을 잃어버리는 꼴입니다. 그러니 무조건 집에서 가까운 곳을 염두에 두고 밭을 정하는 것이 방법입니다.

수도나 공동 농기구 같은 시설도 중요해요

3년 동안 수시로 드나들었던 저의 주말농장은 물 쓰
는 일이 수월했어요. 물을 충분히, 쉽게 쓸 수 있다
는 것이 얼마나 중요한지 뒤늦게 알았지만요. 그런
것들을 미리 체크하지는 않았어요. 그래야 하는 줄
도 몰랐거든요. 그저 운 좋게 거리만 보고 결정했었
는데, 만약 수도가 멀거나 물이 충분하지 않았다면
큰 고생했지, 싶거든요. 밭의 채소들은 생각보다 물
을 많이 먹어요. 걔들은 전부 다 물 먹는 하마들이라
니까요.

또 한 가지 공동으로 사용하는 농기구가 있는지도
체크하세요. 워낙 장비(?)를 중요하게 생각하는 저
는 이것저것 필요한 것을 미리 구매했지만, 밭 갈 때
쓰는 쇠갈퀴나 1년에 한두 번 쓰는 삽은 빌려서 쓰
는 게 유리하거든요. 큼직한 공동 물뿌리개도 갖춰
져 있으면 좋아요. 베란다에서 쓰는 물뿌리개는 채
소들이 갈증을 느낄 때 쓰기에는 턱도 없답니다.

밭을 정한 후 이랑을 미리 점찍어 두세요

만일 밭을 장만했다면 서둘러 나가 보시라고 권합니
다. 날씨가 완벽하게 싹 풀리면 가봐야지, 하는 느
긋한 마음으로 있다가는 좋은 이랑 다 놓치거든요.
밭으로 나가 적당한 이랑을 고른 뒤 침 발라 두는 것
이 방법입니다. 더구나 초보 농군은 좋은 이랑을 찾
기가 쉽지 않거든요.

제 경우, 첫해에는 사람들의 발길 뜸한 한적한 곳에
자리를 잡았어요. 그런데 한창 작물이 자라는 여름
이 되니 내 밭이 어딘가, 싶더군요. 이 밭이나 저 밭
이나 비슷한 작물들이 자라니까요. 어디든 장단점
은 있으니 제 얘기를 듣고 몇 가지만 참고하세요.

밭을 정원처럼, 작물을 꽃처럼 생각하는 저는 주키
니호박, 당근 등 때깔 좋은 작물을 선호하는 편인데
요. 견물생심이라고 사람 손 타기 쉬운 작물을 선호
한다면 외진 곳에 자리 잡는 것도 방법이에요. 호박
처럼 넓은 면적에 퍼져 자라는 작물을 선호한다면
밭 한가운데는 피하는 것이 좋아요. 주변에 큰 나무
나 건물이 없는지 확인하고, 여유가 있다면 토질도
한번쯤 살펴보세요. 비 온 뒤에 가서 밟아보고, 신
발이 푹 빠지면 그 땅은 진흙 성분이 많으니 피하는
것이 좋아요. 물이 잘 안 빠지니까요. 하지만 이것
도 저것도 잘 모르겠다, 싶으면 그냥 일단 시작하고
보세요. 열심히 하다 보면 저절로 나만의 채소 기르
기 공식이 생기게 될 테니까요.

나와 스타일이 맞는 농장인지도 살펴보세요

주말농장에도 스타일이 있습니다. 어떤 농장은 마
치 동호회 같은 형태로 구성되면서 '회원'이라는 이
름으로 매주 만나 함께 밭을 일구죠. 만약 누군가와
어울리기 좋아하는 초보자라면 이런 농장을 고르는
것이 도움이 될 거예요. 반면 또 어떤 곳은 누구에
게도 방해받지 않고 조용히 드나들면서 농사만 지을
수 있기도 합니다. 그러므로 나에게 어떤 스타일이
맞는지 미리 생각하고 결정하는 게 좋습니다.
농장주나 관리인이 얼마나 성의껏 밭을 돌봐주는지
를 살피는 것도 기본입니다. 자주 들르지 못해도 기
본적으로 관리해 주는 이가 있다면 훨씬 수월할 테
니까요. 처음 밭을 찾았을 때, 지난해 농사의 흔적
이나 잔여물들이 그대로 남아 있다면 관리가 소홀한
곳이라고 할 수 있습니다. 수시로 손길을 주는 이가
있다는 것이 작물을 키우는 데 큰 도움이 된다는 것
을 생각한다면 이 또한 무시할 수 없겠죠?

흙에 대하여

가장 먼저 흙과 인사를 나누세요

첫해에는 마음에 드는 이랑을 정하는 일조차도 쉽지 않지만, 한 해 두 해 경험이 쌓이면 흙에 대한 나름의 정보들이 보이기 시작합니다. 질 좋은 작물들을 풍성하게 수확하려면 흙이 매우 중요하거든요.

4년 차 농군인 저, 아직 초보 수준에 머물러 있지만 그래도 몇 해 동안의 체험을 통해 흙의 성질을 살살 배우고 나니 농사짓는 재미가 더 쏠쏠해지던 걸요. 화초를 기를 때도 영양제를 주기보다 흙의 성질을 자세히 관찰하는 게 더 나을 때가 있어요. 식물이 살기 좋은 흙으로 만들어주면 반은 먹고 들어가는 셈이거든요. 사실, 베란다에서 키우는 일이야 시판 중인 상토나 분갈이용 혼합토 같은 것을 사다 쓰면 되니까 상관없지만, 텃밭이라면 상황이 좀 더 까다로워지죠. 그래서 땅을 미리 보고 고르는 게 도움이 된다고 말하는 것이랍니다.

모래가 섞여 있는 점질토가 좋아요

밭농사를 짓기에 알맞은 흙은 무엇일까요? 우선, 점질토에 약간의 모래가 함유된 흙이 좋습니다. 너무 질척해도, 모래처럼 건성이어도 좋지 않아요. 물이 너무 많아도 뿌리가 썩을 수 있고, 흙이 너무 마르면 식물이 자라기 어렵거든요. 눈으로 보기에 거무튀튀한 갈색을 띠고 있다면 대체로 좋은 흙이더군요.

한 줌 들어서 냄새를 맡아보는 것도 방법입니다. 풋풋한 흙냄새가 나는 게 역시 최고! 만일 암모니아와 같이 역한 냄새가 난다면 그 흙은 속이 좋지 않다고 볼 수 있어요. 배탈이 나 있는 상태라고나 할까요? 물론, 여러 가지 성질의 흙을 통해 성공과 실패를 거듭하면서 농사를 익히는 것이 가장 좋은 공부라고는 하지만… 가능하다면 흙의 상태를 먼저 살피는 것이 방법이지요. 어떤 흙인가에 따라 다루는 방법도 달라질 테니 말입니다.

돌이 많다고 무조건 다 나쁜 건 아니에요

흔히들 돌이 많은 땅은 피하라고 합니다. 애써 심은 작물들이 돌의 기세에 눌려 자라지 못하게 되기 때문이죠. 저도 처음 농사를 지을 때는 큰 돌 몇 개만 발견해도 무슨 큰일이나 난 것처럼 펄쩍 뛰면서 속을 파헤쳐보고는 했거든요.

그런데 생각해 보세요. 돌 없는 땅이 어디 있겠어요. 흙 가는 자리에 돌 가는 것은 당연한 이치 아니겠어요? 내가 결정한 땅에 돌이 많다고 해서 무조건 미움부터 가지거나 서둘러 낙담할 필요는 전혀 없답니다. 농부님들의 말씀을 들어보니 돌이 많은 밭은 오히려 가뭄을 덜 타는 축이라서 도움이 되기도 한다네요. 흙 속의 수분이 날아가는 걸 돌이 막아주기 때문에 작물들이 힘을 낸다는 거죠. 해가 되는 것은 주먹만큼 큰 돌들이죠. 그렇게 힘센 놈들만 캐내면 농사에는 지장이 없으니 너무 걱정하지 마세요.

땅 고르기를 하면서 흙의 체력을 키워주세요

식물들의 어미라고 할 수 있는 흙을 기름지게 만들기 위해서는 거름을 주면서 부드럽게 갈아주어야 합니다. 이를테면 땅의 기초 체력을 키우는 일이라고 할 수 있어요. 태아를 품을 엄마의 몸이 건강해야 하는 것처럼, 작물들을 아기인 듯 품어야 하는 흙도 역시 다르지 않거든요. 아기를 가진 엄마들이 좋은 음식만 골라 먹고, 좋은 환경을 찾는 것과 같은 이유죠. 사진 속의 제 텃밭이 굉장히 넓어 보이기는 합니다만, 막상 가서 보면 별것도 아닙니다. 그러니 흙 고르기를 하는 게 어마무시한 일은 아니죠.

남편과 둘이 삽으로 파서 뒤집고, 긁개로 밀어가면서 흙을 고르다 보면 저절로 운동도 되니 일거양득입니다. 이렇듯 정답게 살피면서 뿌리 자라는 데 방해가 될 큰 돌들을 솎아내 주면 흙의 기분이 좋아져서 안심하고 심을 수 있답니다.

'실패하면 어때?' 하는 배짱도 득이 됩니다

하긴 뭐… 흙 살림에 뛰어들고 보니 자연의 순리에 따르는 것이 최선이라는 해답을 얻게 되기는 하더군요. 흙을 봐라 어째라 하면서 아는 척을 하고 있기는 합니다만, 처음부터 마음에 쏙 드는 좋은 흙을 만난다는 건 사실 좀 어렵습니다. 어떤 호호 할머니께서 "눈 뒤집고 고른 서방이 하필 곱사등이더라" 그러시던 걸요. 흙도 서방 같고, 상사 같아서 열심히 골라 봤자, 직접 겪어보지 않으면 그 속내를 모르는 법이랍니다. 만일 운 나쁘게 매우 까다로운 흙이 걸렸다고 해도 부드럽게 만들면 되니까요. 네? 왜 자꾸 이랬다저랬다 그러냐고요? 흙을 살펴봐라, 뭐 해라 그러더니 왜 갑자기 딴소리를 하느냐고요? 생각해 보니 너무 까다롭게 알려드리면 시작도 하기 전에 포기하는 사태가 벌어질 것 같아서요. 그래서 한 입으로 두 말을 하고 있네요. 나, 참!

시작부터 유기농을 하시겠다고요? 정말요?

지금부터는 아주 사소하지만 꼭 알아두는 것이 좋은 거름 정보들을 소개해 보겠습니다. 사실, 텃밭에 직접 채소를 키우겠다는 분들의 대부분은 식비를 절약하겠다는 의지가 가장 큽니다. 여기에 하나 더! 시판 중인 유기농 채소들이 비싸다는 사실을 뼈저리게 느끼고 있잖아요. 일명 유기농으로! 내 손으로 키우면 다 유기농이 된다는 믿음으로 시작하는 거죠.

하지만 앞에서도 말했듯이 사실, 유기농이라는 게 그렇게 만만치는 않습니다. 유기농 채소가 괜히 비싼 게 아닌 거죠. 흔히 농약을 사용하지 않고 농사를 지으면 유기농, 무농약이라고 오해하고는 해요. 하지만 이것들은 농약 사용 여부로 나누기보다 흙의 성질에 따라 결정된다고 보면 이해가 빨라요.

3년 이상 농약을 쓰지 않은 땅에서 자란 작물을 유기농으로 분류하기 때문에 처음 밭을 장만한 경우라면 사실상 유기농 재배를 실현하기는 어렵답니다.

화학 비료를 자제하는 것만으로도 훌륭합니다

조금 더 곰곰 생각해 보죠. 이제 막 밭을 분양받았다고 해도 이전에 그 밭을 사용하던 사람이 화학 비료를 써서 채소를 키웠다면 적어도 3년 동안은 유기농 재배가 불가능한 셈입니다. 게다가 흙 속의 사정을 확실히 알 수 없으니 유기농이다, 아니다 하면서 장담할 수가 없죠.

그러므로 당장 유기농 채소를 키워 보겠다는 욕심은 버리는 것이 좋습니다. 사실, 주말농장은 가족들의 건강한 먹을거리를 위해 시작하는 경우가 대부분이라 농약 사용은 자제하는 추세입니다.

시중에 나와 있는 친환경 거름들을 먹이면서 건강한 흙을 만들고, 그렇게 흙과 친해지면서 농사짓기의 즐거움을 배워간다고 생각하세요. 흙에 따라 잔류 농약의 정도가 다르기는 하지만 일단 시작했다면 다른 생각은 접고, 좋은 비료를 골라 웃거름을 주면서 돌보는 것이 방법입니다.

종묘상에 다녀보면서 친환경 거름들을 접하세요

농장에 따라 기본적인 거름을 미리 먹여두면서 땅을 잘 관리하는 곳도 있지만, 그렇지 않고 개개인이 기본부터 시작해야 하는 곳도 있습니다. 때문에 흙을 알고, 거름을 공부하는 일이 중요한 거죠.

까다로운 농군들은 거름을 직접 만들어 쓰기도 한다지만 베란다 텃밭 정도의 크기라면 모를까, 쉽지 않은 일입니다. 그러니 시판 거름을 살피는 것이 최선이겠죠. 요즘은 화학 비료의 위상을 웃돌 만큼 위풍당당한 친환경 거름들이 시중에 많이 나와 있습니다. 친환경 거름은 값이 좀 비싸다는 단점이 있지만, 내 가족에게 먹일 건강한 작물들을 기르기 위해서는 필수죠. 인터넷 서핑을 하면서 종류를 살펴보는 것도 방법이지만, 직접 종묘상에 나가 보면 더 많은 공부를 할 수 있답니다. 발품 팔아가며 애쓰는 주인의 공덕을 채소들도 알아준다니까요.

거름 이야기

참나물

엇갈이

Gloves

Gardening Series
ガーデニングシリーズ

GARDEN TOOLS
TIARA-INC
Des résultats d'expériences, repris
trique ont complets
illeurenôtes p

GARDEN TOOLS
TIARA-INC
Des résultats d'expériences, repris
trique ont complets
illeurenôtes p

TOMATO RED 40 g
PACK-01.DEC(3W) 90 g
218 0935INMAN

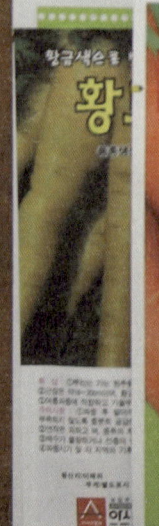
황금

수

아

아
안추계

스지

아
Hyb

20
Hyb

스
도

청풍치마상 부추

치마아욱 중엽쑥갓

HWN MYSEED.BIZ
TOMATO YEL 40 S
PACK.13 06/17R 80K

style: SEED.BIZ
LEMON BASIL 99 S
PACK-12 07/17R3 94%

쌈용 레드치커리
레드치커리
Chicory, Asia Red

700

씨앗 챙기기

씨앗이 좋을까, 모종으로 할까?

농사를 지어보겠다고 작정한 뒤 주말농장을 구하고 나니 그때부터 머리가 살짝 아파오기 시작했습니다. 농부님들이 얼마나 위대하게 보이던지 절이라도 하고 싶더라고요. 챙겨야 할 것들이 왜 그렇게 많은지, 배워야 할 공부는 얼마나 태산 같던지…. 그래도 피할 수 없는 과정이니 계속하는 수밖에요.

흙과 거름에 대한 기초를 살폈으니 이제 씨앗을 짚고 넘어가야 합니다. 혹시 이런 생각을 하지는 않나요? '씨앗과 모종, 뭐가 다르지?' 하는 거요. 초보자의 경우에는 씨앗이라는 말만 들어도 겁을 내기 쉽죠. 그래서 얼추 자란 모종을 선택하는 경우가 많습니다. 하지만 모종은 씨앗에 비해 종류가 그리 많지 않고, 지속적인 수확을 보기에는 역부족입니다. 그래서 경험 있는 분들은 대부분 직접 파종을 하는 거랍니다.

씨앗의 장점은 무궁무진합니다

베란다에서 시작하거나 텃밭이 처음인 경우라면 모종도 문제될 것이 없습니다. 그런데 씨앗을 뿌려 거두는 편이 이점이 훨씬 많아요. 수많은 채소의 씨앗들은 대부분 구할 수 있는 데다, 어린잎을 솎아주면서 그것부터 먹을 수 있으니 금상첨화죠. 더구나 모종은 품종이 적고 시중에 나오는 시기가 정해져 있어 그 시기를 넘기면 구할 수가 없답니다.

하지만 씨앗은 언제든 다시 뿌려서 거둘 수 있으니 든든하죠. 물론 채소의 종류에 따라 키우기가 매우 까다로워 모종으로 시작하는 게 더 좋을 때도 있습니다. 아주 소량으로 심어볼 작물이거나, 집에서 모종을 만들기까지 너무 오랜 시간이 필요한 작물이라면 처음부터 시판 모종으로 시작하는 게 방법이죠. 그러므로 먼저 어떤 채소를 기를 것인지 결정한 뒤에 씨앗이냐, 모종이냐를 택하는 것이 좋습니다.

씨앗 한 봉지를 다 뿌리겠다고요?

땅에다 씨만 뿌리면 자라는 줄 알고 시작하는 분들도 있습니다. 그런 경우, 대개가 황당한 시추에이션을 만나지요. 이 책을 기획한 〈에프북〉에디터 중 어떤 양반도(이름은 밝히지 않는 걸로!) 상추 씨앗을 좌르르 쏟아 부었다가 그 상추 더미가 남의 밭까지 공격하는 사태를 만들었다죠. 상추로 이불을 만들 뻔했다나, 뭐라나. 그래서 공부가 필요한 법입니다. 씨앗을 사면 몇 해에 걸쳐서 나눠가며 뿌려도 전혀 문제될 것이 없습니다. 생각보다 유통 기한이 길고, 보관만 제대로 한다면 싹을 틔우지 못할 일은 거의 없으니까요. 저는 쓰고 남은 씨앗들을 작은 사이즈의 밀폐 유리병에 종류별로 담아서 그늘지고 시원한 곳에 보관하거나, 지퍼 백에 담아서 꼭꼭 밀봉한 뒤 냉장실에 보관합니다. 이렇게 하면 몇 해를 두고 파종해도 전혀 문제될 것이 없답니다.

2월

5평 내 밭이 생겼다
슬슬 몸 좀 풀어볼까?
농사 계획표 작성!

농사에도 계획표가 필요하다는 거 아세요?

방학을 앞두고 계획표 하나는
정말 끝내주게 그려내곤 했었지요.
하지만 계획표는 종이에 불과했을 뿐
그대로 실천은 되지 않더라만!

그래도, 그럼에도 불구하고
준비된 농군과 맨손으로 시작한 농군은
무엇이 달라도 다른 법입니다.

2월이면 슬슬 발품을 팔아야 할 때입니다.
봄처녀 제 오실 때이니만큼,
텃밭 마님들은 집 나가 연장 준비해야죠.

종묘상 그리고 밭, 밭, 밭으로!
발로 뛰어야 얻는 법… 세상에 공짜는 없습니다.

종묘상으로의 나들이

종묘상은 농민들을 위한 전문 상가?

처음 농사를 시작할 때 저는 농협 하나로마트 화훼 시장을 이용했어요. 3~4월 시즌이 돌아오면 다양한 모종을 판매하는 특별장이 서거든요. 물론 꽤 다양한 모종이 있는 편이지만 충분하지는 않아요. 그러다가 우연히 동네 종묘상에 들르게 되었어요(저는 서울 외곽, 그중에서도 상당히 변두리에 살고 있으니까요). '약은 약국에서, 농사는 종묘상에서!'라는 문구가 막 떠오르면서 눈이 휘둥그레지더군요.

장비질 좋아하고, 전문가 영역 따라잡기 좋아하는 제게는 그야말로 별천지가 따로 없었던 거죠. 물론 초보 텃밭지기들은 종묘상을 찾는 경우가 드물긴 하지만 경험상 들러보세요. 몰랐던 세상과 만나게 되는, 새로운 경험을 하게 될 테니까요.

내가 즐겨 찾는 단골 인터넷 종묘상은 여기!

종묘상이 어디에 있냐고요? 우선 114로 전화해서 해당 지역 가까운 곳에 위치한 종묘상을 찾으세요. 특화된 종묘상이 따로 있는 것이 아니어서 일단 이 정도면 성공! 특화된 전문 상가는 서울 종로5가에 있는데 이곳에 가면 수많은 종묘상들을 만날 수 있어요. 이외에도 지역별로 인터넷을 검색해 보면 상점들이 모여 있는 단지를 쉽게 찾을 수 있어요. 제 경우, 모종은 가까운 지역 종묘상이나 농협 하나로마트 화훼 단지를 이용하고, 씨앗이나 도구는 인터넷 종묘상에서 구입한답니다.

❶ 씨앗 구입처
아시아종묘 www.asiaseed.kr
다농원예가든 www.danong.co.kr
나만의 씨앗 www.myseed.biz

❷ 흙 살림 자재 구입처
세경팜(분변토) www.skworm.co.kr
BFA가든센터(주말농장용 카트) bfagarden.com
흙살림(주머니텃밭) shop.heuksalim.com
다이소몰(발코니 텃밭) www.daisomall.co.kr
가든하다 gardenhada.com

텃밭지기들이 종묘상에 가야 하는 이유

3~4월 찬바람이 가실 무렵, 집 근처 어디서나 쉽게 만날 수 있는 꽃집이나 화원 문 앞에는 모종들이 즐비해요. 바야흐로 텃밭, 베란다 텃밭, 주말농장의 계절이 다가왔다는 것을 실감하죠. 하지만 작은 꽃집과 화원에는 상추, 고추, 방울토마토 정도가 단골 메뉴. 베란다 텃밭이 아니라 주말농장을 꾸릴 계획이라면 이것만으로는 부족해요. 바로 이럴 때 종묘상으로 가야 하는 거죠. 그렇다면 종묘상에는 어떤 것들이 있을까요?

❶ 씨앗 & 모종 종묘상에 가면 상상을 초월하는 종류의 씨앗과 모종들을 만날 수 있어요. 예를 들어 고추라고 하면 풋고추와 청양고추 정도만 떠오르시죠? 하지만 아삭이고추, 꽈리고추, 오이맛고추 등 선택의 폭이 다양합니다. 토마토도 방울토마토부터 찰토마토, 흑토마토 등 어떤 열매가 열릴지 기대되는 다양한 품종들이 갖춰져 있어요.

❷ 거름 3월, 밭 만들기 파트에 가면 등장하게 될 기본 중의 기본! 바로 거름입니다. 주말농장에서 밭주인이 미리 거름을 주고 갈아엎어 두기도 하지만, 본인이 알아서 준비해야 하는 곳도 있으니 미리 살펴보세요. 종묘상에 들러보면 거름 가격이 천차만별인데요, 좋은 밭을 만들고 싶다면 좀 비싸더라도 친환경 거름에 관심을 가져보세요.

❸ 농기구와 농사용품 농사를 지으려면 당연히 농기구가 필요하겠지요? 사실 자주 쓰지 않는 삽이나 갈퀴 등은 주말농장에서 공동 용품으로 사용하는 편이 나아요. 모종삽이나 호미는 개인 용품으로 한두 개 갖춰두는 것이 편리하지만요. 그 외에도 다양한 크기의 지주, 멀칭용 비닐, 농사용 끈 등도 종묘상에서 구입하는 것이 저렴하답니다.

작업 모자

플라워 프린트 작업 모자는 과수원 농장지기 시엄니께 얻은 것. 어딘지 모르게 전문가의 포스가 팍팍 풍기지 않아요? 체크 리넨 작업 모자는 빈티지한 멋을 부리긴 했지만 농부의 진정성(?)이 좀 떨어지긴 해요. 2만7천원, 화이트빈티지(www.whitevintage.com).

농부의 자태가 절로 난다!

가드닝 장갑

낡은 것, 새 것, 플라워 프린트, 기하학 프린트, 노르망디 스타일 등등 컬러, 패턴, 스타일에 따라 30종은 넘게 갖추고 있는 가드닝 장갑. 장비질(?) 좋아하는 저는 비싼 것은 살 수 없으니 비교적 저렴한 작업용 장갑 요것조것 장만해서 밭에 나갈 때, 기분에 맞춰 골라 껴요. 컬레당 6천2백원, 호시노앤쿠키스(www.hosino.co.kr).

모종판 또는 육묘판

발아한 씨앗을 옮겨 심어 모종으로 기를 때 필요한 모종판 또는 육묘판. 플러그 트레이라고 불리는 요 녀석은 50구인데, 이외에도 16구, 25구, 100구짜리도 있어요. 육묘 기간이 짧은 모종은 구의 수가 많고, 구의 크기가 작은 것을, 육묘 기간이 긴 모종은 구의 수가 적고, 구의 크기가 큰 것을 사용해요. 종묘상, 옥션, G마켓 등에서 구입 가능.

화분 박스

베란다 난간에 걸고 사용할 수 있는 데드 스페이스 전용 화분 박스를 소개합니다. 베란다를 확장했거나 적당한 공간이 없을 때 난간에 걸고 사용하면 제격이에요. 텃밭도 모자라 일명 발코니 확장 사업을 벌일 때에 요긴하게 사용한 아이템이에요. 걸이가 있어서 난간에 안전하게 걸 수 있어요. 개당 1만4천9백원, 다이소몰(www.disomall.co.kr),

지피포트

지피포트는 토탄 성분을 머금고 있는 용기에요. 씨 뿌려 싹 틔우기가 쉽지 않은 작물을 피트펠렛 파종한 후 정식할 때 유용해요. 용기째 심을 수 있어 친환경적이고요. 종묘상, 옥션, G마켓 등에서 구입 가능.

텃밭 농사 지을 때 꼭 필요한 시시콜콜 도구들

꼬챙이 파종기

필수 아이템은 아니지만 곱디고운 손톱에 흙 때 꺼려지시는 분께 추천합니다. 모종을 심을 때나 씨 뿌릴 때 사용하면 편리해요. 가든용품 전문 브랜드 GADENA 제품으로 '가데나(GADENA) 꼬챙이 파종기'라고 검색하면 쉽게 찾을 수 있습니다. 1만5천원~2만원 선.

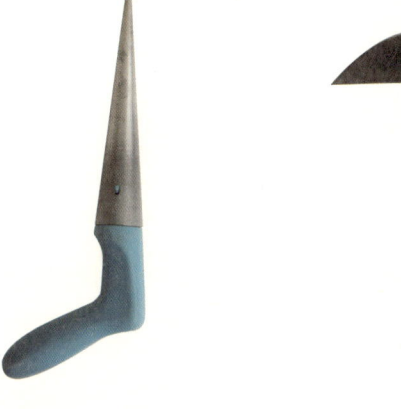

호미

텃밭지기들의 필수 아이템이죠. 반드시 한 개 정도는 갖추고 있어야 하고, 김매기, 수확 등등 일 년 내내 요긴하게 사용할 수 있어요. 종묘상이나 인터넷 종묘상 등에서 다양한 가격에 구입할 수 있어요.

미니 모종삽 & 플라워 포크

일본 여행 중에 구입한 거라 파는 곳과 가격은 알려드릴 수가 없어요. 하지만 비슷한 디자인은 인터넷 쇼핑몰에서 쉽게 찾을 수 있으니 포털 사이트 검색창의 도움을 받아 보세요.

피트펠렛

피트모스를 무균상태로 만든 후 압축한 상토를 일컫는 피트펠렛. 일반 흙보다 발아율이 높아서 발아가 까다로운 씨앗이나 크기가 작은 씨앗을 싹 띄울 때 사용해요. 옥션, G마켓 등에서 구입 가능.

필드카트

잡초와의 한판 승부에서 승리할 수 있었던 것은 바로 일명 필드카트라고 불리는 '붕붕카' 덕분이라고 해도 과언이 아니에요. 고랑을 이리저리 이동하기 편리한 데다가 허리와 무릎에 무리가 덜 가는 고마운 아이템이죠. 6천9백원, 비에프에이(www.bfagarden.com).

내 밭을 위한 첫 그림

선배 텃밭지기들의 조언 들으셨죠?

첫 농사를 시작하면서 가장 먼저 시부모님을 귀찮게 해드렸습니다. 과수원지기 어른들에게 기초 다지기를 위한 학습을 부탁드린 거죠. 정말 열심히 옮겨 적으며 공부했답니다. 텃밭 경험이 많은 지인들도 발빠르게 찾아 다녔어요. 그때 옮겨 둔 몇 가지 정보들을 공유하겠습니다.

❶ **초반, 농사 계획을 꼼꼼하게 세우세요** 쌈 채소, 잎채소, 감자는 장마 전 수확이 끝나니 빈 밭이 생기기 시작하고, 태풍 이후 열매채소들의 밭 모양도 흉해지고, 잡풀들 무성한 숲이 됩니다. 이제 슬슬 텃밭지기들이 사라질 때가 된 거죠. 그 시기에 파종 가능한 작물들이 무척 많답니다. 그러니 작물의 종류를 미리 알고, 계획표를 만들어 두는 것이 좋아요.

❷ **다품종 소량 생산을 목표로 하세요** 텃밭 작물의 종류는 1년에 적게는 20종, 많게는 50종이나 되는데요. 텃밭 작물은 다양한 품종으로 적게 심을 것을 권합니다. 다양한 작물들을 심는다고 해서 농사가 그만큼 더 어려워지는 것은 아니므로 안심하고 도전해도 좋겠어요. 식탁이 풍성해지는 것은 물론 농사의 즐거움이 배가 되니까요.

❸ **김장 채소를 위한 계획을 미리 세우세요** 쌈 채소와 열매채소는 열심히 기르면서 김장 채소는 포기하는 경우가 많은데요. 흙 살림의 마무리인 김장 채소 재배는 흙 살림의 특별한 즐거움이므로 수확의 뿌듯함을 누려보세요. 상반기 흙 살림을 마친 후 짓게 될 배추와 무, 알타리무, 갓 심을 자리를 미리 계획하면 흙 살림의 고비라고 할 수 있는 한여름을 잘 넘길 수 있거든요. 대개 쌈 채소와 잎채소를 심었던 자리나 감자 수확한 자리를 김장 채소 자리로 활용하는데요. 58쪽의 배치도를 참고하세요.

❹ **나만의 허브 정원을 가꿔보세요** 라벤더, 바질, 로즈메리, 캐모마일 등 허브에 관심 많으시죠? 채광과 통풍에 매우 예민한 허브류는 베란다보다 자연 그대로의 땅에서 키우는 것이 가장 좋답니다. 초보라고 망설이지 마세요. 밭 가장자리에 한자리 마련해 좋아하는 허브들을 심어보세요. 의외로 기르기 쉽고 꽃구경 재미도 쏠쏠하거든요.

❺ **특수 채소, 컬러풀한 채소로 흥을 돋우세요** 이건 순전히 땅굴마님의 개인적인 생각인데요. 주키니호박, 당근, 피클 오이 등 컬러풀한 채소들은 흙 살림의 색다른 즐거움을 준답니다. 평범한 채소, 자주 먹는 채소 사이사이 한두 뿌리만 심어도 남들이 부러워하는 텃밭을 가꿀 수 있거든요. 게다가 밭에 갈 때마다 수확의 기쁨은 다른 채소에 비해 배가 되니까요.

농사 시작, 작물 배치도는 이렇게!

11월 김장 채소 수확을 마치고 밭에 흰 눈이 소복하게 쌓일 무렵, 내년을 위한 작물 배치도를 짜는 그 시간이 저는 정말 신 났어요. 한 해 한 해 경험을 쌓으며 실수들을 수정하고, 새로운 작물을 기대하는 시간이니까요.

'작년에는 쌈 채소를 너무 많이 심었었지. 당근이 아무리 예뻐도 이번에는 조금 줄여야겠어. 생각보다 허브가 참 잘 자라니 종류를 늘려야겠다!' 정말 흥미진진하거든요. 5평 텃밭을 공책 크기의 종이에 옮기는 작업이 바로 작물 배치도 짜기예요. 이 작업을 마치면 한 해 농사의 반은 끝냈다고 해도 과언이 아니니 상상의 나래를 펴면서 작은 텃밭을 그려보세요.

❶ **작물의 종류를 정하세요** 밭에 무엇을 심으실래요? 월별, 식습관별, 성장 패턴별로 작물 종류를 살피면서 내 밭에 심고 싶은 작물 리스트를 작성해 보는 거예요. 모든 것을 실행에 옮길 수는 없다고 해도 계획은 무궁무진하게! 그래야 농사지을 맛이 난답니다.

❷ **이랑 수를 미리 정하세요** 사실 분양하는 밭마다 그 모양이 조금씩 다르답니다. 그러므로 내 밭의 크기와 형편에 맞게 이랑 수를 정해야 해요. 제 밭의 크기인 16㎡(약 4.8평)의 경우, 세로로 길게 두 줄 이랑이나 가로로 짧게 네 줄 이랑을 만드는 편이랍니다 (56p 참고).

❸ **종류별 배치도를 짜세요** 작물 종류에 따라 모아서 심어야 할 것들이 있어요. 먼저 키가 비슷한 것들끼리 심어야 볕을 가리지 않겠죠. 파종기나 재배기가 엇비슷한 작물들을 모아 심어야 땅을 사용하기 쉽고, 지주를 세워야 할 작물들을 모아 심는 것도 방법입니다(58p 참고).

16㎡(4~5평) 텃밭, 감을 잡아 볼까요?

대개 경기도 인근 텃밭을 분양 받을 때 1구좌 크기
는 보통 16㎡(4~5평)인데요. 그 크기가 어느 정도인
지 감이 잘 안 오시죠? 그렇다면 30평대 아파트 거
실 정도의 크기라고 보면 되는데, 그것도 썩 와 닿지
않는다고요?

그럼 상추를 한번 심어볼게요. 사방 1m 안에 일정
한 간격으로 가로세로 4~5포기씩 나란히 심으면
16~25포기가 되지요. 사방 1m 크기면 전체(16㎡)
밭의 1/16 크기이지만, 잎채소 수확량으로 보면 상
당히 많은 편이에요.

상추는 포기를 그대로 두고 잎만 수확하므로 1주일
정도 지나면 또다시 새로운 잎을 딸 수 있어요. 환경
에 따라 다르겠지만 대략 2~4개월간 같은 포기에서
몇 번이고 수확할 수 있거든요. 그러니 그 자리에 상
추 외에 치커리, 겨자채, 청경채, 양상추 같은 쌈 채
소를 골고루 심으면 봄철 쌈 채소는 실컷 먹을 수 있
답니다.

16㎡ 텃밭에 무엇을 심을까요?

텃밭에 심을 수 있는 작물 종류는 쌈 채소, 잎채소,
열매채소, 뿌리채소, 허브 등으로 크게 나눌 수 있
어요. 3월에서 11월 사이, 월별로 작물을 나누는 '재
배 시기'에 따른 분류가 가장 일반적인데요. 이외에
는 쌈 채소, 반찬, 김치, 식량 채소, 열매, 허브, 가
을 김장 등 활용도에 따라 작물을 나눌 수 있어요.

다른 방법으로는 잎이나 줄기가 그대로 자라는 채
소, 잎이나 줄기가 자란 후 열매·뿌리·포기 등이
커지는 채소, 잎이 커진 뒤 꽃이 피고 열매 맺는 채
소 등 성장 패턴에 따라 나누기도 하지요.

이렇듯 나만의 분류 샘플을 정한 후, 기르고 싶은 작
물을 선정하세요. 옆장에 소개한 표는 작물 욕심 많
은 제가 지난 3년 동안 심고 기른 채소 종류입니다.
무엇을 심을까, 고민될 때 참고하시면 좋을 것 같습
니다. 단, 저는 워낙 비주얼을 중요하게 생각하는
'뇨자'라 관상용인 듯 여기며 심은 것도 있으니 취향
에 따라 참고만 하세요.

텃밭 배치도를 위한 작물 종류와 특징

	종류	작물별 특징
쌈 채소	상추생채, 청풍치마상추, 적오크린상추, 적상추, 청오크린상추, 청치커리, 레드치커리, 비타민, 적다채, 로메인, 미니컵로메인, 쑥갓	키가 작고, 이른 봄에 파종하거나 4월 초에 모종을 심고, 장마 전 수확이 끝난다. 대부분 비닐 멀칭을 하지 않는다.
잎 채소	아욱, 근대, 부추, 잎들깨, 시금치, 참나물, 열무, 쪽파	쌈 채소에 비해 키가 크고, 이른 봄에 파종한다. 잎들깨 등 옮겨심기를 해야 하는 작물도 있다. 장마 전 수확이 끝난다. 대부분 비닐 멀칭을 하지 않는다.
열매 채소	둥근 호박, 황금 주키니호박, 가지, 고추, 피망, 방울토마토, 피클 오이, 브로콜리, 껍질 콩, 완두콩, 딸기	고추, 가지, 피망, 파프리카 등이 키가 비슷하고, 토마토, 오이 등도 비슷하다. 키에 따라 각 1~2m 지주를 세운다. 봄부터 가을까지 재배하는데, 대부분 비닐 멀칭을 한다.
뿌리 채소	감자, 래디시, 당근	감자는 봄에 씨감자를 심어 장마 전 수확, 나머지 채소도 11월을 넘기지 않고 수확한다.
김장 채소	배추, 무, 갓	8월 초에 준비해 10월 말에서 11월까지 재배한다. 김장 채소를 위한 자리는 그 전에 비워둬야 하므로 장마 전 수확 하는 감자, 잎채소, 쌈 채소 자리에 모종이나 씨를 심는다.
허브	스위트바질, 퍼플바질, 로켓샐러드(루꼴라), 로만캐모마일, 저먼캐모마일, 라벤더, 레몬버베나, 애플민트, 스피아민트, 박하, 카렌듈라	이른 봄에 파종한 후 5월 모종을 심는다. 키는 제법 큰 편이나 지주는 세우지 않고 멀칭도 하지 않는다. 허브류 대부분 밭 가장자리에 심고 키가 작은 허브는 가장자리로 위치를 잘 잡아준다.

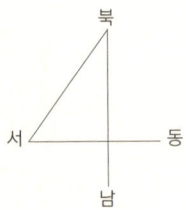

북
서 동
남

2011년 텃밭 배치도

58

고추(5월~10월)
가지(5월~10월)
파프리카 & 피망(5월~10월)
대파(4월~10, 11, 12월)

아욱(4월~7월 상순)
열무(4월~7월 상순)
봄배추(4월~7월 상순)

쌈채소(4월~7월 중순)
(로메인 적상추
적오크린상추 비타민
청풍치마상추 쑥갓 청치커리
상추생채)
시금치(2월~7월 중순)
↓
돌산갓(9월 초순~11월 상순)
김장무(8월 하순~11월 하순)

바질(5월 초순~9월 하순)
로즈메리(5월 초순~9월 하순)

캐모마일(4월~7월 중순)

방울토마토(5월~9월)
오이(5월~10월)
브로콜리(5월~8월 하순)

잎깻잎(4월~9월 초순)

감자(4월~7월 초순)
↓
김장배추(8월 상순~10월 상순)
당근(7월 상순~11월 중순)

참나물(4월~8월)
근대(4월~8월 / 9월~11월 중순)
부추(3월 하순~10월 하순)

2012년 텃밭 배치도

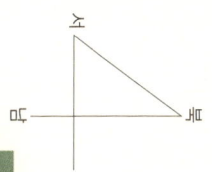

캐모마일(4월~7월 중순)

레몬버베나, 애플민트
(5월 초순~9월 하순)

바질(5월 초순~9월 하순)

셀러리(4월~7월 중순)

쌈채소(4월~7월 중순)
(로메인 적상추
적오크린상추 비타민
청풍치마상추 쑥갓 청치커리
상추생채)

부추(3월 하순~10월 하순)

참나물(4월~8월)

딸기(4월~8월)

방울토마토(5월~9월)

고추(5월~10월)
가지(5월~10월)
파프리카 & 피망(5월~10월)

잎깻잎(4월~9월 초순)

감자(4월~7월 초순)
김장배추(8월 상순~10월 상순)
당근(7월 상순~11월 중순)

아욱(4월~7월 상순)

근대(4월~8월 / 9월~11월 중순)

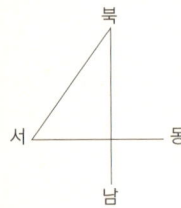

북
서 — 동
남

2013년 텃밭 배치도 - 키친가든(상반기)

피클오이(5월~8월)

풋호박(5월~8월)

황금주키니호박(5월~8월)

아욱(4월~7월 상순)

근대(4월~8월 / 9월~11월 중순)

래디시(4월~7월 중순)

루꼴라(4월~7월 중순)

시금치(2월~7월 중순)

쌈채소(4월~7월 중순)
(미니컵로메인 로메인 적상추
적오크린상추 비타민
청풍치마상추 쑥갓 청치커리
상추생채 참나물)

방울토마토(5월~9월)

대추방울토마토(5월~9월)

깔장콩(4월~7월 초순)

고추(5월~10월)

가지(5월~10월)

잎깻잎(4월~9월 초순)

깔장콩(4월~7월 초순)

완두콩(4월~7월 초순)

감자(4월~7월 초순)

완두콩(4월~7월 초순)

60

2013년 텃밭 배치도 - 허브가든(상반기)

레몬바질(5월 초순~9월 하순)

퍼플바질(5월 초순~9월 하순)

스위트바질(5월 초순~9월 하순)

카렌듈라(5월 초순~7월 초순)

야로우(5월 초순~7월 초순)

차이브(5월 초순~7월 초순)

저먼캐모마일(4월~7월 중순)

박하(5월 초순~7월 초순)

타라곤(5월 초순~7월 초순)

커먼말로우(5월 초순~7월 초순)

세인트존스워트
(5월 초순~7월 초순)

클라리세이지
(5월 초순~7월 초순)

레드클로버
(5월 초순~7월 초순)

북
서 동
남

2013년 텃밭 배치도 - 키친가든(하반기)

알타리무(8월 하순~11월 하순)

시래기무(8월 하순~11월 하순)

백자무(8월 하순~11월 하순)

당근(7월 상순~11월 중순)

옐로당근 (7월 상순~11월 중순)

퍼플당근(7월 상순~11월 중순)

콩

콩

김장배추(8월 상순~10월 상순)

콩

콩

2013년 텃밭 배치도 - 키친가든(하반기)

돌산갓(9월 초순~11월 상순)

시금치(8월 하순~11월 하순)

쪽파(8월 하순~11월 하순)

쉼

베란다에 밭 하나 만들어 볼까 하면서
화분 가게, 종묘상, 5일장 같은 데를
발품 팔면서 막 뒤지고 다녔었죠.
뭐든 남과는 좀 다른, 아주 색다른 모종을
찾고 싶었던 거예요. 하여튼 별스럽기는!

베란다에서 무얼 기른다는 게
길러서 잡아먹는다는 것이
참 쉽지 않다는 걸 알고는 마음 접었죠.

3월

발 빠른 텃밭지기라면…
본격 농사 전에 더 부지런할 것
밭 만들고, 모종 준비하기!

작지만, 빌린 땅이지만, 내 밭이 생긴 후
씨앗 발아시켜 모종 만드는 일을
제 손으로 직접 하기 시작했습니다.

아기를 출산하는 엄마처럼…
저의 봄맞이는 이렇게 시작되고 있습니다.

흙 갈아엎고 거름 섞기

작물들이 좋아하는 밭은 따로 있습니다

밭 계약하고 모종 사다 심으면 끝인 줄 아셨죠? 물론, 제 경험상 그래도 큰 문제는 없어요. 채소는 스스로 자라는 착한 성질이 있어서 고맙게도 쑥쑥 자라니까요.

하지만 흙이 좋은 밭에 심은 채소와 그렇지 않은 채소의 성장은 확실히 차이가 있어요. 앞의 1월 편에서 거름에 대해 공부한 거 기억나시죠? 말하자면 밭의 거름은 유기물을 발효시켜 만든 비료예요. 흙 속의 미생물이 숨 쉬고, 살아 움직이도록 도와주는 역할을 하죠. 흙의 생명력은 탁월해서 거름을 주지 않아도 채소들이 얼추 자라지만, 그 생명력을 조금 더 높여주면 그만큼 더 잘 자라게 되겠죠. 땅을 갈아엎고, 거름을 섞는 작업이 밭 만들기의 시작이에요.

이 과정은 말 그대로 체력 싸움이라고 할 수 있어요. 몸을 엄청 써야 하니 조금 고되기는 하지만, 한 해 농사의 첫걸음이라고 할 수 있기 때문에 건너뛸 수는 없는 거죠. 이 시기만큼은 사돈의 팔촌까지 다 수소문하더라도 남정네들을 총동원하세요. 연약한 여자들은 한구석에서 막걸리에다 걸쭉한 안주나 몇 가지 준비하면 되지 않겠어요?

겨우내 굳어진 땅은 어떻게? 흙 갈아엎기

멀칭(두둑에 비닐이나 짚, 풀 등을 씌우는 것) 작업을 하지 않은 땅은 겨우내 돌처럼 딱딱해져 있어요. 멀칭 작업을 한 흙이라고 해도 흙이 숨 쉴 수 있도록 보슬보슬 풀어줘야 통기성이 좋아지면서 씨 뿌리고 모종 심기가 수월하죠. 물론 작물들도 훨씬 더 잘 자라고요.

제 텃밭의 경우, 제법 오래된 주말농장이라 주인이 전체 흙을 트랙터로 갈아엎기(로터리) 작업을 미리 해 놓아 따로 갈아엎기는 하지 않았어요. 만약 그 작업이 안 되어 있다면 직접 삽으로 갈아엎어야 해요. 처음엔 비싸고 좋은 친환경 유기물이 듬뿍 들어간 거름을 구입해 포장지에 안내되어 있는 양만큼 한껏 거름을 줬던 기억이 나요.

농사지으며 여기저기 귀동냥해 보니 대부분의 주말농장은 밭주인이 해마다 거름과 화학 비료를 주어 흙이 이미 산성화되어 있다고 하더라고요. 그러니 거름을 주기 전에 미리 농장지기에게 물어보는 것도 방법이에요. 흙이 이미 산성화되었다면 석회(칼슘, 5평당 3kg)를 뿌려 중화시키세요. 거름 주기 2주 전에 뿌리는 것이 좋고, 4년간 효력을 발휘하니 매년 뿌릴 필요는 없어요.

흙과 거름을 골고루, 깊이 섞어주기

갈아엎기를 마쳤다면 이랑마다 정해진 양만큼 거름을 뿌리세요. 여기서 팁 하나! 거름을 줄 때 일일이 삽으로 퍼 나르면 금세 지치거든요. 봉투째 번쩍 들고 이랑 위에 살살~! 사실 저도 첫해에는 그렇게 뿌려주는 것으로 끝냈었는데, 선배 텃밭지기들 조언을 들어보니 거름과 흙을 골고루, 깊게 섞어주어야 효과가 있다고 하더군요. 가만히 생각해 보니 그렇겠구나, 끄덕여지더군요.

거름이 땅 속 깊숙하게 고루 섞여야 미생물이 제대로 살아 움직이고, 작물이 잘 자라겠거니 싶더라고요. 특히 뿌리채소를 재배할 때는 더욱 깊이 갈아주는 것이 효과적이에요. 만약 정성으로 돌보았지만 작물의 생육이 좋지 않다 싶으면, 거름을 준 후 밭갈이를 깊게 해주었는지 체크해 보면 좋을 것 같아요. 모르기는 해도 제 아이들이 이토록 건강하게 자랄 수 있었던 이유도 바로 이런 수고로움을 더해 주었기 때문인 것 같아요. 물론, 작물들은 농부의 발자국 소리를 듣고 자란다는 말처럼 눈만 뜨면 밭으로 달려 나가 작물들을 살폈던 덕분이기도 하고요. 자, 밭을 만들었으니 절반은 끝난 셈이네요.

이랑 만들고 멀칭하기

이랑, 고랑, 두둑… 이게 무슨 말이냐고요?

저의 텃밭에는 세로로 길게, 두 줄 이랑이 있어요. 주말농장마다 차이가 있기는 하지만 16㎡(4~5평) 크기를 기준으로 볼 때, 긴 세로 두 줄 이랑이나 짧은 네 줄 이랑을 만들 수 있어요. 정사각형 모양의 밭이라면 짧은 네 줄 이랑이 적당하겠죠.

참! 이랑이 뭔지 아세요? 이랑은 두둑과 고랑을 합쳐서 이르는 말이에요. 흠… 그런데 두둑과 고랑은 또 뭐냐고요? 이런 용어를 꼭 알아야 하는 것은 아니지만, 앞으로 소개할 재배 방법에 이랑, 고랑, 두둑이 계속 등장할 테니 미리 알아두면 도움이 되겠네요. 그런데 이랑 만들기가 어렵지는 않을지 걱정이시죠? 일단 안심하세요. 대부분의 주말농장은 밭의 상황을 잘 아는 주인이 미리 이랑을 만들어두는 경우가 많으니까요. 하지만 경우에 따라 이랑을 만들어두지 않는 주인도 있으니 기본적인 것은 알아야겠죠?

❶ **이랑** 작물의 수량을 유지하면서 관리를 편하게 하거나 배수를 좋게 하기 위해 흙을 길이 방향으로 쌓아 만든 것.
❷ **두둑** 작물을 키우기 편하도록 흙을 쌓은 부분.
❸ **고랑** 사람들이 다니는 통로 겸 배수로.

고랑은 이렇게 만들어요

이랑을 만들 때는 우선 고랑부터 파세요. 밭에 모두 작물만 심을 수는 없으니 사람이 다녀야 하는 길을 만들어야 해요. 그 길이 바로 고랑이에요. 고랑은 사람이 다니는 길일 뿐만 아니라 물 흐르는 길, 물길 이기도 하지요. 배수로는 햇빛, 바람과 더불어 농사 에 중요한 영향력을 미치는 요소거든요.

베란다에서 채소가 잘 자라지 못하는 것은 바로 햇 빛, 통풍, 배수가 충족되지 않아서예요. 이야기가 살짝 샛길로 빠졌네요. 다시 고랑으로 돌아오면, 배 수가 잘 되기 위해서는 고랑을 깊게 파주되 두둑 과 두둑 사이의 작은 고랑은 덜 깊게, 큰 물길이 되 는 큰 고랑은 더 깊게 파줘야 해요. 고랑은 대개 30~40㎝ 폭으로 만드는데 경우에 따라 더 넓게 만 들 수도 있답니다.

두둑 만들고 이랑 다듬기

고랑을 만들 때 흙을 퍼 올리면서 동시에 두둑을 만 든다고 생각하면 일이 쉬워요. 고랑의 흙이 두둑 쪽 으로 쌓이면서 자연스럽게 고랑 즉, 물길이 생기는 거죠. 두둑이 볼록해지면서 동시에 이랑이 점점 모 양새를 갖춰가는 거예요.

밭 만들기 과정에서 이야기했던 것처럼 두둑에 거름 을 뿌린 후에는 흙을 뒤엎어 섞어주세요. 다시 한 번 강조하지만, 이때 거름이 속으로 깊게 들어가고 안 의 단단한 흙이 겉으로 나오게 갈아주어야 해요. 쇠 갈퀴로 흙을 밀었다가 당기며 덩어리진 흙을 곱게 부수면서 이랑을 평평하게 만들어요.

아, 헉헉… 첫해에는 이 작업을 하면서 남편이랑 저, 허리 휘는 줄 알았어요. 요령이 생기고 나니 큰 일도 아니었는데 마치 100평 농사라도 짓는 것 마냥 얼마나 고생을 했던지….

여기서 또 한 가지 체크해야 할 것은 두둑의 폭과 높이예요. 두둑의 폭은 대개 30~40㎝, 70~80㎝, 100~120㎝ 정도로 잡아요. 30~40㎝ 폭의 좁은 두 둑에는 작물을 한 줄로, 70~80㎝ 폭과 100~120㎝ 폭의 두둑에는 작물을 두 줄로 심을 수 있어요.

저는 첫해부터 지금까지 쭉 70~80㎝ 폭, 20㎝ 높이 로 두둑을 만들었어요. 고추나 토마토 같은 작물은 배수에 예민해서 두둑 높이가 30㎝ 정도는 되어야 한다고 하는데, 저희 밭은 큰 문제가 없더라고요. 두둑 높이가 너무 낮을 경우 비 한 번 쏟아져도 다 무너져 내리니 참고하세요.

고랑 파기 → 두둑 만들기 → 거름 주기 → 깊게 갈기 → 이랑 다듬기 → 이랑 완성

멀칭을 무시하면 큰 고생해요

밭에 검정 비닐 씌워둔 모습을 본 적이 있으시죠? 두둑에다 비닐이나 농사용 부직포, 짚, 풀 같은 것을 씌우는 작업을 멀칭이라고 하는데요. 비주얼을 무척 중요하게 생각하는 저는 이 검정 비닐을 도저히 참을 수가 없었어요. 그래서 첫해에는 감자 심을 자리만 멀칭을 하고, 나머지는 과감하게 포기했죠. 그래서 어떻게 됐냐고요? 고생고생이 이루 말할 수 없었죠. 하루만 지나도 거짓말처럼 잡초가 올라오기 시작하는데 그 속도가 상상을 초월하더군요. 그놈들 뽑느라고 아주 생고생을 했어요. 그 다음 해에는 정성을 들여 멀칭을 했답니다. 최대한 예쁘게 보이도록 비닐 위에 흙을 보기 좋게 덮으면서요.

멀칭이라는 걸 꼭 해야 하나요?

첫해에 멀칭을 하지 않았던 것은 외관상의 이유도 있었지만, 어쩐지 흙에 비닐을 씌운다는 것이 비환경적이고, 흙이 숨을 제대로 쉴 수나 있을까 싶어서였죠. 하지만 멀칭은 잡초의 성장을 막아주는 것 외에도 흙의 보습력을 높여주고, 모종이 자리 잡는 데 도움을 주는 등 참 다양한 기능을 하더군요. 한 해 농사를 마치고 난 뒤, 비닐을 걷어내는 뒤처리만 잘해도 토양에 큰 무리가 없대요.

물론 멀칭은 반드시 해야 하는 필수 사항은 아니에요. 텃밭에 자주 들를 수 없거나 5평 이상의 밭이라 잡초 관리가 쉽지 않을 때 선택적으로 결정하면 되니까요. 비닐이 영 마음에 걸린다면 풀이나 짚으로 대체해도 무방하답니다.

멀칭을 하면 또 무엇이 좋을까요?

비닐을 거둬보면 쉽게 알 수 있는데 멀칭은 흙을 부드럽게 만들어주는 역할을 해요. 몇 개월이 지나도 여전히 흙이 부드럽죠. 흙이 부드러워지면 배수가 잘 되고, 적당한 양의 습기를 머금고 있어서 식물이 안정적으로 자랄 수 있어요. 빗물이 흙에 튀면 작물에 병균을 옮기기도 하는데, 멀칭을 하면 빗방울이 작물에 튀는 것을 막아 나쁜 병을 예방할 수 있어요. 게다가 흙 속의 유기물과 영양분이 빗물과 함께 쓸려내려 가는 것도 막아주지요. 멀칭용 비닐은 폭에 따라 여러 종류가 있어요. 두둑의 폭에 따라 정하는데, 너무 싼 것보다는 값이 좀 나가더라도 두툼한 비닐이 잘 찢어지지 않고 오래가요. 넉 자 기준으로 한 롤에 3만원 선이면 적당하답니다.

이색 작물을 위한 파종과 육묘

작고 까다로운 씨앗을 위한 피트펠렛 파종

식당에서 주는 물에 불려 사용하는 물티슈 같기도
한 이 검은 덩어리의 정체는? 바로 피트펠렛입니다.
피트모스를 무균 상태로 만든 후 압축한 상토를 말
해요. 일반 흙보다 발아율이 높아서 발아가 까다로
운 씨앗이나 크기가 작은 씨앗을 싹 틔울 때 사용하
죠. 지금부터 피트펠렛 파종 요령을 배워보기로 할
까요?

❸ 용기에 물을 반쯤 채우고, 피트펠렛의 양면 중 움푹
들어간 부분이 위로 올라오도록 물에 담근다.

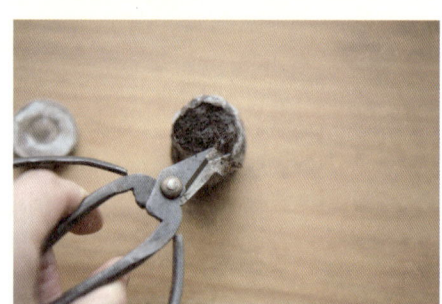

❻ 통통하게 부풀어 오른 피트펠렛은 윗면의 부직포를
가위로 자른다. 이 과정은 생략해도 무방하나 잘라주면
면적을 넓게 확보할 수 있어서 좋다.

❶ 다양한 씨앗을 품게 될 피트펠렛이 나무 상자에 가득하다.

❷ 무엇이든 시작하려면 장비부터 갖춰야 하니 다이소에서 득템한 뚜껑 달린 용기를 준비한다.

❹ 아직은 준비가 되지 않은 듯 물 따로, 피트펠렛 따로! 반신욕 중인 피트펠렛.

❺ 꿈틀꿈틀 부풀어 오르기 시작하더니 5분 정도 지나자 완전히 부풀어 올랐다.

❼ 피트펠렛의 변신! 1단계 → 2단계 → 3단계.

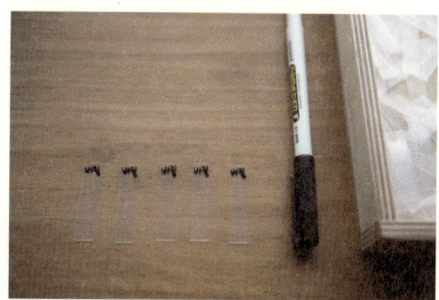

❽ 피트펠렛 이름표 만들기. 투명 파일을 재활용하고 물에 번지지 않도록 네임 펜으로 씨앗의 이름을 쓴다. 준비한 이름표를 피트펠렛에 꽂으면 씨앗맞이 준비 완료!

❾ 이쑤시개나 산적 꼬챙이를 이용해서 구멍을 판 다음 씨앗을 심는다. 이때 씨앗이 매우 작으면 구멍을 파지 않은 채로 피트펠렛 위에 얹고, 스프레이 용기로 살살 물을 뿌려서 주변 흙이 덮이는 정도로 파종한다.

❿ 흙이 잘 덮이도록 스프레이 용기로 물을 뿌려 촉촉하게 마무리하면 파종 끝. 용기 뚜껑을 덮어 햇빛이 들지 않는 따뜻한 곳으로 옮긴 후 피트펠렛의 겉면이 마르면 스프레이 해준다.

크기가 큰 씨앗을 위한 키친타월 파종

일명 '수건 파종'이라고도 하는 이 방법은 오랜 텃밭지기로 유명한 블로그, 도시 농부 올빼미 화원에서 배운 방법이에요. 저는 이 블로그에서 아주 큰 도움을 받았죠. 동부콩, 그린빈스, 완두콩, 목화 씨앗 등 씨앗이 크고, 발아가 비교적 쉽게 되는 씨앗들을 싹 틔울 때 활용해요. 콩류의 대부분은 텃밭에 바로 뿌려도 잘 자라지만 싹 틔우기 과정을 거치면 발아가 되지 않는 씨앗을 선별할 수 있고, 직파하는 경우보다 발아율이 높은 데다 병충해 피해나 새의 공격으로부터 보호할 수 있답니다.

❶ 다이소의 뚜껑 있는 용기와 키친타월을 준비한다.

❷ 키친타월 4장을 겹쳐서 깐다.

❸ 키친타월이 흥건해질 때까지 물을 뿌려 준다.

❹ 동부콩, 그린빈스, 완두콩, 목화 씨앗 등을 준비한다.

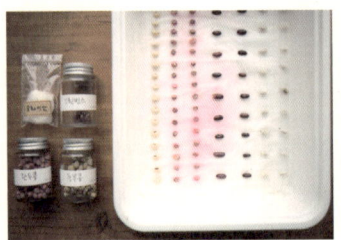

❺ 네 가지 씨앗은 일정한 간격을 두고 나란히 키친타월 위에 얹는다.

❻ 용기 뚜껑을 덮는다. 뚜껑이 없는 용기라면 키친타월을 이불 삼아 덮어준 후 스프레이 용기로 물을 뿌린다. 볕이 들지 않는 따뜻한 곳으로 옮기고 가끔 뚜껑을 열어 환기시키고, 스프레이 해준다.

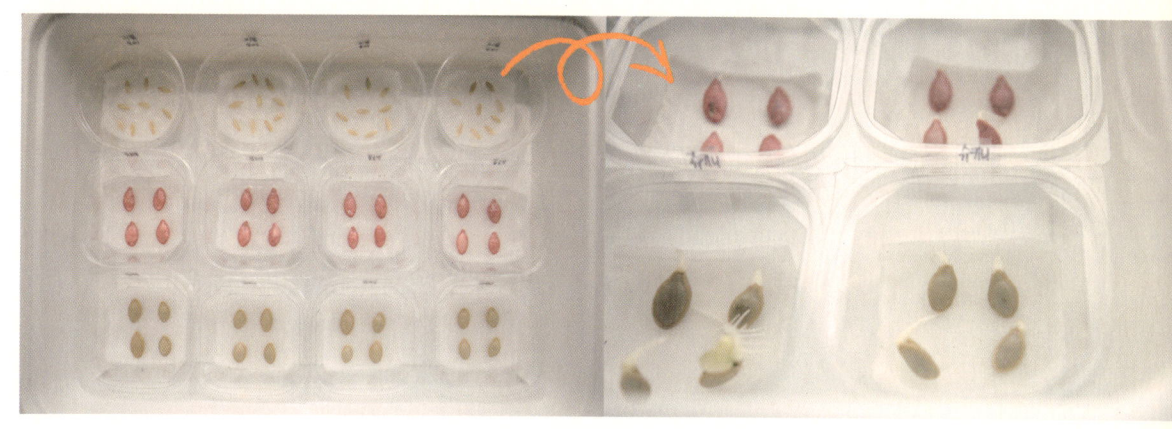

발아가 떨어지는 씨앗을 위한 솜 파종

솜 파종은 저만의 특별한 방법은 아니고요. 많은 분들이 활용하는 파종
방법 중 하나예요. 재활용기와 화장솜을 사용해 알뜰(?)한 방법을 시도
해 보고 싶었어요. 일명 '수건 파종'과 같은 효과가 있는데, 키친타월 대
신 화장솜을 사용하고요. 저는 황금 주키니호박, 피클 오이, 풋호박 등
의 씨앗을 심어 싹을 틔우고 육묘했어요. 수건 파종과 마찬가지로 발아
율이 떨어지는 작물들의 발아를 도울 때 활용하면 효과적이에요.

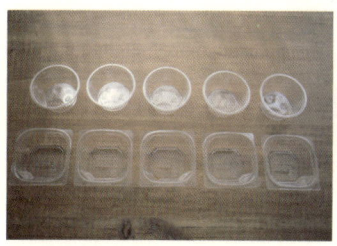

❶ 테이크아웃 용기를 모아 두었다가 재활
용해 솜 파종한다.

❷ 용기에 물을 흥건하게 뿌린다.

❸ 각 용기마다 화장솜을 한 장씩 얹어 솜
을 물에 충분히 적신다.

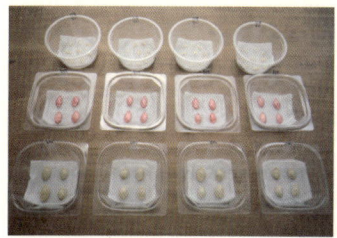

❹ 솜 위에 오이, 호박 씨앗을 7~9개 정도
씩 얹은 후 투명 파일로 만든 이름표를 꽂
는다.

❺ 다른 파종과 마찬가지로 용기에 담아
뚜껑을 덮는다.

❻ 햇빛이 들지 않는 따뜻한 곳으로 옮긴
다. 가끔 뚜껑을 열어 환기를 시키고, 촉촉
하게 스프레이 해준다.

파종이 끝난 작물 육묘하기

위의 세 가지 방법으로 씨앗이 발아하면 모종판에 옮겨 심어 육묘 채비를 갖추어야 해요. 텃밭으로 옮기기 전 모종을 만드는 단계인데요, 정성으로 싹을 틔웠으니 이 과정도 소홀히 할 수 없어요. 직접 모종을 기르는 과정은 구입할 때는 알 수 없는 신비로움이 있어요. 작은 씨앗에서 싹을 틔우더니 그것들이 베란다에서 하루가 다르게 쑥쑥 자라는 과정을 매일매일 지켜볼 수 있거든요. 게다가 육묘 과정에서 왠지 모를 전문가의 포스가 느껴지면서 어깨가 으쓱거려진답니다.

❶ 플러그 트레이(모종판)와 망을 준비한다. 50구 플러그 트레이 이외에도 16구, 25구, 100구짜리도 있다. 육묘 기간이 짧은 모종은 구의 수가 많고 구의 크기가 작은 트레이를, 육묘 기간이 긴 모종은 구의 수가 적고, 구의 크기가 큰 것을 사용한다.

❷ 양파 망 등을 재활용해 흙이 쉽게 빠져나가지 않도록 각 구의 바닥에 망 조각을 깐다.

❸ 모종판에 상토를 채우고, 양분 삼아 잘 자라도록 분변토를 한 숟가락 넣는다.

❹ 싱크 볼에 물을 받아 저면 관수(밑에서부터 물을 흡수하게 하는 일) 하여 흙을 촉촉하게 만든다.

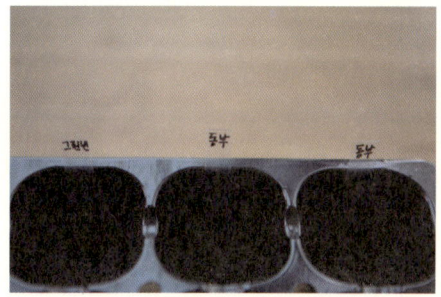

❺ 모종 상태에서는 구분이 어려우니 이름표를 꽂는다.

❻ 발아한 씨앗은 뿌리가 아래쪽을 향하도록 올린다.

❼ 씨앗이 보이지 않을 정도로 마른 상토를 위에서 뿌리듯 살짝 덮는다.

❽ 분무기를 활용해 씨앗에 물을 흠뻑 준다.

4월

손바닥만 한 땅에 팻말 세우고

줄 맞춰 씨 뿌리기부터…

밭의 흙들이 숨 쉬기 시작하는 시간

아파트에 살면서 늘 마당 있는 집을 꿈꿉니다.
"마당 생기면 뭐 하고 싶은데?"
마당 타령이 18번 지정곡이 될 무렵,
남편이 제 얼굴을 물끄러미 바라보며 묻더군요.

"숨 쉬게. 흙냄새 맡으면서 숨 좀 쉬고 살게."

아파트의 편리를 누리는 동안
천천히, 하나씩 잃어버린 게 있습니다.
흙이고, 바람이고, 안개와 볕
그리고 풀냄새 같은 것들이 그것이지요.

1년에 10만원 남짓이면 적은 돈은 아닙니다.
하지만 그 땅에 심고, 그 땅에서 거둘 행복들은
10만원 따위의 돈으로는 매길 수 없는
참으로 가치 있는 무엇 같습니다.

그래서 저는 오늘도 4월의 흙을 밟으러 텃밭으로 갑니다.

내 밭이요, 하고 알리는 현판식

지난 3월, 거름 주면서 밭을 갈아엎을 때 작물들의 이름표마다 견출지 하나씩 붙여 놓았죠. 이제 본격적으로 작물들마다의 영역을 표시할 차례예요. 준비물 챙기고, 싹 틔우고, 육묘하느라 분주했던 지난 석 달. 그때 정성으로 준비한 것들이 제 빛을 발할 때이기도 합니다.

완벽하게 준비를 끝낸 흙 살림의 시작! 바로 현판식입니다. 봄볕 가득한 이른 봄, 모아두었던 자작나무 한 짐 이고, 텃밭으로 출발했어요. 자작나무로 울타리를 만든 후 이제 팻말에 또박또박 글씨를 적어 넣습니다. 한 글자 한 글자 적을 때마다 올 한 해 흙 살림은 또 어떤 감동으로 다가올지 한껏 설레죠. '띵굴마님 키친가든' '띵굴마님 허브가든' 하면서 꾹꾹 눌러 쓴 나무 팻말을 군데군데 박을 때면 올 한 해도 자식 농사 잘 되기를 천지신령님께 빌어보곤 한답니다.

흙 살림 1순위, 잎채소 씨뿌리기

씨앗 크기에 따라 심는 법이 달라요

미세한 씨앗 흙을 덮지 않고 뿌리기만 한다. 그 위로 물을 주면 자연스럽게 흙 속에 자리 잡는다.
깨알 크기 씨앗 씨앗이 보이지 않을 정도로 흙을 약간 덮고 물을 준다.
큰 크기의 씨앗 흙을 씨앗의 세 배 정도 덮는다. 전문 용어로 암발아 씨앗이라고 하는데 햇빛이 없는 어두운 곳에서 발아한다.

4월 초에 심는 잎채소가 이렇게 많아요

쌈 채소 적치마상추, 적(청)축면상추, 상추생채 등 각종 상추류. 로메오양상추, 레기니 양상추 등 각종 양상추. 치커리류, 청경채, 양배추, 겨자채, 잎들깨, 쑥갓, 다채 등
기타 잎채소 부추, 봄배추, 열무, 아욱, 참나물, 파, 시금치 등

밭도 만들고, 거름도 주고, 현판식까지 마쳤으니 이제 더 늦기 전에 파종을 해야 합니다. 3월에 미리 파종을 했는데 왜 또 파종을 하느냐고요? 3월 파종은 직파로 싹 틔우기 쉽지 않은 작물이나 모종을 쉽게 구할 수 없는 것들을 별도로 파종한 거였죠.

4월 초 파종은 이름 하여 직파! 말 그대로 밭에 직접 씨를 뿌리는 방법이에요. 줄뿌림, 점뿌림, 흩어뿌림… 설명하지 않아도 무슨 말인지 아시겠죠? 전 이 방법들 중 줄뿌림을 선택했어요.

가장 먼저 시작하는 것은 쌈 채소를 비롯한 잎채소들의 파종입니다. 물론 잎채소는 모종을 쓰는 경우도 많지만 직접 씨 뿌린 후 솎아 먹고, 뜯어 먹는 재미가 아주 쏠쏠하거든요. 그래서 저는 언제나 씨를 뿌려 키워 먹는 편이에요.

고추, 가지, 토마토처럼 모종을 만드는 기간이 너무 긴 열매채소의 경우에는 처음부터 모종을 쓰더라도 잎채소 같은 것은 직접 씨를 뿌려 보세요. 참! 착하고 예쁜 마음으로 씨를 뿌려야 발아가 잘 된다는 '설'이 있답니다. 물론, 믿거나 말거나이지만요. 이렇게 파종한 작물들은 2~3주의 솎아주기 과정을 거친 뒤 5월 중순부터는 먹을 수 있어요.

❶ 씨앗 자리 배정하기. 그릇이든 씨앗이든 사람이든… 일단 모이면 줄을 서야 한다!
❷ 호미를 이용해 1cm 깊이로 홈을 파는데, 줄은 손가락 한 마디 이상 넘지 않도록 한다.
❸ 25cm 간격을 반듯하게 유지하는 것도 잊지 않는다. 그래야 싹이 예쁘게 올라오니까.
❹ 약 1~2cm 간격으로 씨앗을 줄뿌림한다. 솎아낼 것을 감안해 원래 키울 양의 두세 배 정도 뿌린다.
❺ 씨앗을 뿌리고 흙은 살살 덮는 둥 마는 둥~.
❻ 응원의 물줄기를 뿌린다. 겉흙은 말라 있고 속흙은 촉촉하므로 물은 겉흙이 젖을 정도로만 준다.

씨감자 싹 틔우기

미리 싹을 틔우는 작업은 씨앗뿐만 아니라, 영양 종자에도 활용할 수 있어요. 씨감자, 토란, 울금 등의 작물에 적합한데, 저는 전문가가 아니므로 이 중에서 감자 싹 틔우기에 도전! 4월 초, 밭에는 씨 뿌리고 집에서는 씨감자 싹 틔우기! 아, 바쁘다 바빠! 장마가 시작되기 전에 감자를 수확해야 하므로 싹 틔우기도 서둘러야 해요.

아직은 기온이 낮을 때라서 미리 싹을 틔워서 땅에 심죠. 이렇게 하면 감자가 더 잘 자라게 되고, 혹시라도 발아하지 않는 불량 감자도 선별할 수 있어요. 종자는 '수미 감자'예요. 사실 저는 '남작'이라는 종자를 원했는데 품절이라고 해서 포기했죠. 팍신팍신 분이 나는 감자가 남작이고, 찐득하면서 단맛이 더 있는 것이 수미 감자예요. 병충해에 강하고 수확성이 좋다는 이유로 남작을 밀어낸 수미. 남작을 심어보고 싶었는데 아깝게 놓친 관계로 종묘상에 내년 것을 미리 예약 걸어두었답니다.

❶ 흙이 뽀얗게 묻어 있어 더욱 믿음직스러운 수미 감자. 종묘상으로 달려가 씨감자 반 관(약 2kg)을 6천원에 구입.

❷ 절단하기. 과도 두 개를 준비한 다음 끓는 물에 담가 소독한다. 과도를 담갔다 뺐다 번갈아가며 자른다. 혹시라도 병든 감자가 병충해를 전염시킬지도 모르니까.

❸ 귀요미 감자, 바로 옴폭 들어간 곳이 싹이 트는 지점이다.

❹ 씨눈이 3~4개 정도 포함되도록 절단한다. 크기에 따라 4등분, 2등분하고 작은 것은 통째로. 단, 절단한 감자 무게는 최소 30g 이상은 되어야 발아할 수 있다.

❺ 씨감자 발아를 돕는 인큐베이터에 미리 상토를 3~4㎝ 깔고 감자를 올린다. 양철통이 아니어도 바닥이 막힌 널찍한 용기면 충분하다.

❻ 절단한 씨감자를 살포시 올린 다음 다시 상토를 솔솔 뿌려 감자가 보일 듯 말 듯하게 덮는다. 너무 두껍게 덮지 않는다.

❼ 분무하기. '촉촉'해질 정도면 충분하다. 배수가 되지 않으니 축축하면 자칫 썩을 염려가 있다. 따뜻하고 통풍이 잘 되는 곳에서 상토 겉면이 마르면 분무한다.

❽ 3~4일 정도 지난 후 씨감자를 살짝 들춰보면 잔뿌리가 생긴 것을 알 수 있다. 5일이 넘으면 이제 슬슬 밭으로 나갈 채비를 해야 할 시간.

씨감자 싹이 나면… 감자 아주심기

감자는 보통 봄에 일찍 씨감자를 심어 여름 장마가 시작되기 전에 수확해요. 덩이줄기가 굵어지는 시기에 물을 가장 많이 필요로 하고, 알이 굵어지는 시기에는 물이 많이 필요하지 않아요. 게다가 그 시기에는 온도가 높지 않아야 해요. 행여 한창 알 굵어지는 때에 일찍 장마라도 시작되면 낭패니까 서둘러야 해요. 대개 4월이 되면 주말농장이 본격적으로 가동하는데, 그 전에 집에서 감자가 더욱 잘 자라도록 싹 틔우기를 하는 이유가 바로 여기에 있어요.

❶ 아주심기 한 후 20일 정도 있으면 거의 모든 감자가 싹을 땅 위로 내민다. 이때부터는 날씨가 따뜻하고, 감자가 자라기 좋은 환경이 되면서 본격적으로 쑥쑥 성장한다. 5월 말이 되면 하얀 감자꽃이 핀다.
❷ 눈이 많을 때는 싹이 많이 돋아나고, 줄기가 많아져 감자가 많이 달린다. 그러나 많다고 좋아할 일만은 아니다. 감자의 알이 작아지므로 실한 감자 싹 한두 개만 남기고 나머지는 제거하는 것이 좋다.
❸ 얕게 묻힌 감자가 햇빛을 보면 파랗게 변하므로 고랑으로 쓸려 내려간 흙을 두둑 위로 올려주는 북주기가 필요하다. 멀칭을 한 경우에는 북주기 과정 생략.

❶ 텃밭으로 출동한 씨감자들. 그중에서도 실한 녀석들로 골라 심는다. 감자는 소중한 식재료이므로 키친 가든에 자리 잡게 한다.

❷ 시커먼 비닐 멀칭은 비호감이지만, 감자의 성장을 위해서라면 멀칭이 진리이니 두 눈 질끈 감고 시작. "왼쪽이 삐뚤어졌네, 오른쪽이 높네!" 나의 잔소리에도 묵묵히 일하는 남편을 격려하는 일도 빠뜨리면 안 된다.

❸ 두둑 중간에 25~30cm 간격으로 구멍을 낸다. 이때 캔을 잘라 지그시 누르면서 돌리면 적당한 구멍이 생긴다. 깊이는 9~12cm 정도. 감자는 씨감자가 싹을 틔워 자라므로 너무 얕게 심으면 감자가 땅 위에 노출되어 파란 색깔이 된다.

❹ 두 줄 심기는 줄 간격을 40~50cm로 하고, 씨감자 심을 간격을 일정하게 유지하면서 지그재그 또는 나란히 심는다.

❺ 싹이 난 부분이 위로 가도록 씨감자를 심는다. 방향에 대해서는 선배 텃밭지기들의 의견이 분분! 호기심 많은 나, 일부 씨감자는 싹 난 부분이 아래로 가도록 심은 뒤 수확할 때 확인하기로 했다.

❻ 구멍 뚫은 멀칭이 바람에 펄럭거리니 흙 속의 수분이 날아가지 않도록 주변을 흙으로 넓게 덮는다.

나의 자존심,
베란다 허브 육묘장

화이트 제라늄이 꽃망울을 터트린 어느 날, 우리 집 베란다 정원에 새 식구가 잠시 마실 왔어요. 곧 흙 살림에 투입될 허브 모종들이었죠. 그러니까 이곳 베란다가 바로 급조된 허브 육묘장인 셈이에요. 카렌듈라, 저먼캐모마일, 커먼말로우, 클라리세이지, 타라곤 등 허브는 씨를 뿌려 싹 틔우기가 쉽지 않아요. 그럴 때는 앞에서 배운 피트펠렛 파종을 하면 좋아요. 지난 3월, 피트펠렛에 뿌린 허브 씨앗들이 2~3일 후 흙을 뚫고 싹을 틔웠죠. 그것들을 조심스럽게 지피포트(jiffy pot)로 옮겨심기했어요. 나무상자에 오종종 담아 들고 베란다 육묘장으로 고고! 파종 후 싹이 나면 모종으로 자랄 수 있도록 옮겨심기를 해주어야 한답니다. 고무, 토분, 신문지를 재활용한 용기, 지피포트 등 뭐든 좋아요. 여기서 포인트는 작물이나 허브가 풍성하게 뿌리내릴 수 있도록 햇볕과 수분을 일정하게 공급해 주는 것. 흙이 마를세라 물을 주고, 볕 좋은 베란다에 두었더니 하루가 다르게 쑥쑥 자라납니다. 포트 밖으로 뿌리가 살짝 나온 것을 확인하자 마음이 분주해졌어요. 곧 텃밭으로 출동해야 하거든요.

❶ 지피포트에 자리 잡은 카렌듈라, 저먼캐모마일, 커먼말로우, 클라리세이지, 타라곤.

❷ 베란다에 놓아둔 채 햇빛 충분히 공급하고, 추울 때는 실내로 들여놓기를 반복하며 정식하기에 적당한 크기로 키운다.

❸ 모종을 완성하기 위해서는 수분과 햇빛이 필수. 아기에게 젖병 물리듯 소스 용기로 물을 주고 있는 별스러운 나!

❹ 지피포트란 토탄 성분을 머금고 있는 용기. 정식할 때 용기째 심을 수 있어 친환경적이다. 종이 재질 지피포트는 육묘용으로 적합하다.

꽃과 잎이 함께 자라는 허브가든

황홀하게 아름다운 나의 첫 허브 농장

처음 밭이 생겼을 때 정말 신이 났던 것은 허브 때문이었어요. 베란다 정원에서 허브를 키우는 것이 성에 차지 않았거든요. 그런데 드디어 땅이 생긴 거죠. 차에 싣고만 다니던 빈티지 양철통에 허브 모종을 실어오던 날은 그 자체로 그림이었어요. 키 큰 로즈메리, 라벤더, 꼬꼬마 허브류인 장미허브, 레몬버베나, 애플민트, 페퍼민트, 그리고 캐모마일 등이 저의 첫 허브 농장의 주인공들이에요.

"여보, 우리 밭이 그리 넓다고 생각하는 건 아니지? 먹을 것들 심기도 부족하지 않을까?"

"글쎄~. 올해 심어보고 내년, 내후년에는 더 다양한 종류를 심을 건데."

"당신 혹시 허브 정원 만들려고 텃밭 얻은 거…야?"

"맞는데! 허브 정원도 만들고, 키친 정원도 만들 건데."

생각해 보세요. 허브 가든이란 여자들의 로망이 아니던가요? 이 기름진 땅에 허브를 안 심으면 어디다 심나요? 허브도 꽃처럼 기르고, 푸성귀도 꽃처럼 기르고. 모두모두 사이좋게 나란히, 나란히! 나비와 꿀벌들도 자주 놀러왔으면 싶네요.

베란다에서 텃밭으로⋯ 허브 정식하기

첫해에 다양한 허브를 심었어요. 그 다음 해에는 꽃이 예쁜 라벤더와 바질이 낙점되었죠. 드디어 대망의 2013년, 허브 씨앗 싹 틔우기부터 육묘를 거쳐 정식까지 모든 과정을 직접 해냈어요. 이번에는 '허브가든'과 '키친가든'으로 울타리도 따로 만들고, 본격적인 허브 농사에 도전한 거죠. 3년에 걸쳐 심어보니 허브류는 의외로 토양 적응력이 좋았어요. 텃밭은 베란다와 달리 햇빛과 수분이 충분하고, 거름도 기본적인 양만 주면 되는 데다 생육이 강한 편이라, 특별한 사전 지식 없어도 쉽게 기를 수 있어요.

게다가 허브 자체의 향이 강해서 해충 피해가 거의 없거든요. 단, 다양한 허브를 심을 때는 성장 후 허브류의 키에 따라 심는 위치를 결정해야 해요. 민트류는 다 자라도 30㎝ 이하, 캐모마일은 1m가 넘기도 하는데 행여 민트류를 캐모마일 중간에 심었다가는 낭패를 보는 거죠. 그러므로 작물이 다 자랐을 때의 크기를 고려해 키가 낮은 순으로 배치해야 해요. 민트→ 페퍼민트→ 라벤더&로즈메리→ 캐모마일 순서대로 배치하면 큰 무리가 없더군요. 채소들과 함께 키울 때는 두둑 가장자리에 심는 것이 좋아요.

❶ 미리 만들어둔 이랑에 30㎝ 간격으로 구멍을 낸다.

❷ 구멍에 물을 흠뻑 부어서 충분히 스며들게 한다. 이 과정을 2~3회 반복한다.

❸ 뿌리내리고 자리 잘 잡도록 도와주는 분변토 한 삽을 넣는다.

❹ 허브를 옮겨 심고 흙을 덮는다.

❺ 토닥토닥 잘 자라라고 흙을 꼭꼭 누른 후 다시 물을 붓는다.

❻ 마지막으로 네임카드 꽂으면 완성.

동무는 흙 살림의 꽃이야요! 새참!

아직은 초보 텃밭지기여서 그런지 저는 밭으로 가는 일이 늘 설레요. 뭐… 빌린 밭이기는 하지만 내 땅이잖아요. 내 마당이잖아요. 거기에 무엇을 심든 내 마음이잖아요. 코딱지만 한 베란다에서 오글거리며 화초들을 키우는 것도 좋았지만 백두장군 행차하시듯 너른 땅을 향해 나아가는 일이니 가슴 떨리는 게 당연하죠.

밭 갈아엎고 파종하면서 부지런히 사는 동안 벌써 4월이 다 지났습니다. 파종을 마친 잎채소들은 어느 놈 하나 어긋나는 법 없이 각 맞춰서 싹을 틔우고, 5월 밥상을 풍성하게 만들어줄 쌈채소들도 제법 싱싱하게 자리를 잡았습니다.

좋다, 좋다, 차~암 좋다! 내 손이 키워 낸 푸르디푸른 것들을 보면서 감탄 중입니다. 싹 올라온 잎채소들과 어느새 꽃봉오리 품은 허브를 보고 있자니 감자도 어른거리고, 고추랑 당근도 눈에 밟히고, 저 멀리 김장 채소까지…. 다음 달 열매채소 모종까지 마치고 나면 상반기 흙 살림은 다 끝난 셈이니 얼른 서둘러야겠어요.

참! 밭에 와서 꼭 해야 할 일이 있어요. 다름 아닌 새참 타임이죠. 오늘도 반나절 이상 열심히 흙장난하며 애쓴 우리 부부. 상큼한 오렌지와 짭짤이토마토, 파인애플 쟁여 담은 과일 도시락에 레모네이드 한 잔으로 목을 축입니다.

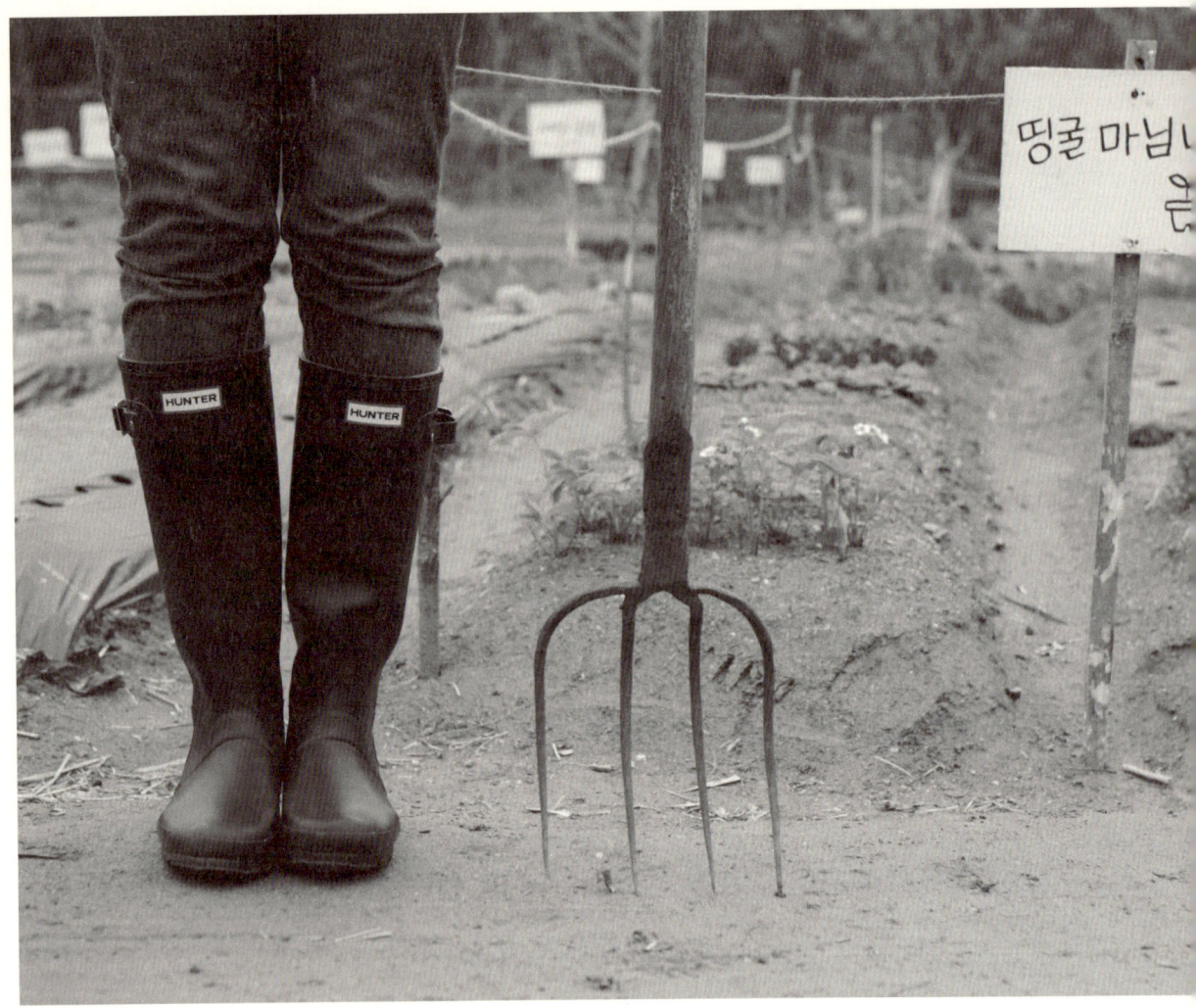

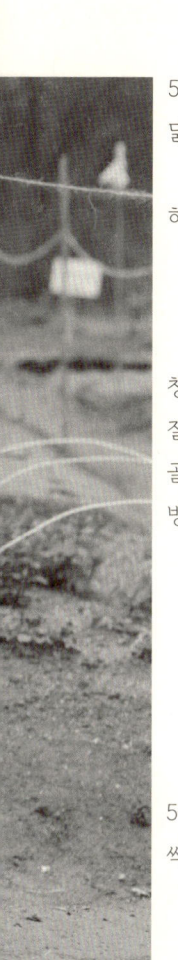

5월에는 어디든 자꾸 나가야 해요.
닭장 속의 닭들도 마당에다 풀어놓아 주는데

하물며 사람이 집에서만 그럴 수 있나요?

창문만 열어도 어깨가 살랑살랑 춤을 추는데
잘 골라낸 깨끗한 볕이 눅눅한 마음을
골고루, 고루고루 매만져주고 있는데
방콕이 웬 말이냐, 이거지요. 제 말은!

5월의 텃밭에서는 살아 있는 냄새가 납니다.
싹이 트고, 잎이 나고, 묵찌빠!

채소마다 새순 돋아나는 그 밭으로
몸 쓰러 마음 쓰러 나가는 이 시간이
저에게는 더할 나위 없이 행복한 때입니다.

5월

수분, 볕, 바람… 3박자가 척척!
흙 살림이 즐거워지는 계절
잎채소 수확하고, 열매채소 심기

베란다 미니 텃밭 만들기

재활용 용기에 어린잎 채소 키우기

텃밭에 파종하고 남은 씨앗과 거실 한가득 쏟아져 들어오는 햇빛이 너무도 아까웠던 저는 결국, 베란다까지 채소밭으로 확장하고 말았어요. 이름 하여 베란다 발코니 간척사업! 작물 후보는 루꼴라, 방울토마토, 어린잎 채소까지 3종 세트예요.

루꼴라와 어린잎 채소는 일단 싹이 나면 일주일에 한 번 이상 수확할 수 있어요. 샐러드가 먹고 싶을 때는 곧바로 베란다로 달려 나가면 되니 포기할 수 없죠. 가장 먼저 재활용 용기를 활용해 어린잎 채소 키우기를 시작했습니다. 잎쌈배추, 로메인, 쑥갓, 치마상추, 상추생채 씨앗들이 베란다 발코니에 자리 잡기를 기다리는 중이에요. 흩뿌리기로 씨앗을 심은 후 싹이 나면 헐렁하게 솎아주면 끝!

❶ 사각 스티로폼 박스를 준비한다.

❷ 박스 바닥에 일정한 간격의 물 빠짐 구멍을 뚫는다.

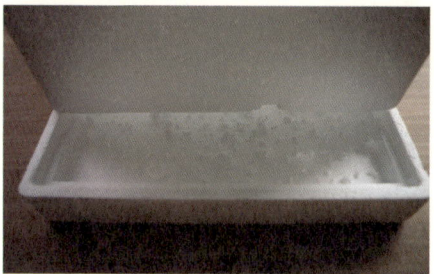

❸ 스티로폼 박스의 뚜껑은 물 받침대로 제격이다.

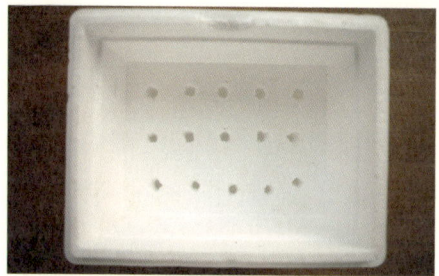

❹ 깔때기 끝부분을 활용, 구멍을 뚫은 모양.

❺ 흙이 빠져나가는 것을 막기 위해 망을 덮는다.

❻ 맨 아래에 마사토를 2cm가량 깐다.

❼ 다른 용기에 상토와 분변토를 7 : 3 비율로 넣고 촉촉할 정도로 물을 부어 섞는다.

❽ ❻ 위에 미리 섞어놓은 ❼의 흙을 스티로폼 박스에 옮겨 담는다.

❾ 씨앗을 준비해 흙 위에 흩뿌리기 한다.

❿ 씨앗이 덮일 정도로 마른 상토를 덮고 물을 뿌린다.

침실 밖으로 토마토가 주렁주렁

5월의 어느 아침, 베란다 정원으로 통하는 문을 열다가 깜짝 놀랐어요. 늦은 봄, 베란다 화분에 심은 방울토마토가 변신을 한 거예요. 푸릇푸릇하던 방울토마토 열매가 노랗게 물이 든 거죠.

이미 제 너른 텃밭에서 먹고 남을 만큼의 방울토마토가 자라고 있을 테니 베란다 화분에는 조금 특별한 품종을 심었거든요. 어떤 모양일까 궁금하던 차에 노랗게 변한 열매를 자세히 보니 알전구 모양이네요. 레드 두 그루, 옐로 두 그루를 심었는데, 옐로 두 그루가 먼저 인사를 했어요. 알전구에 불이 들어온 것 같아요.

❶ 내가 선택한 모종은 조롱박토마토 품종.

❷ 모종 수만큼 플라스틱 화분을 준비한다.

❸ 상토와 분변토를 7 : 3 비율로 섞어 물을 부어 촉촉하게 만든 흙을 화분의 2/3가량 올라오도록 채운다.

❹ 화분마다 모종을 심은 후 상토를 넣고 꼭꼭 누른다.

❺ 약 40일 후 모종이 자라 뿌리가 자리 잡으면 큰 화분에 옮겨 심는다.

❻ 볕 좋은 베란다 발코니에 내다 놓으면 약 30일 후 수확할 수 있다.

8월이면 탐스럽게 주렁주렁!
알전구 모양의 '베란다산' 토마토

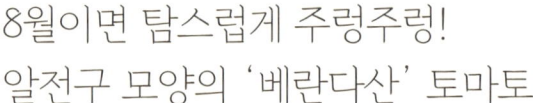

거실 베란다 난간에 만든
루꼴라 밭

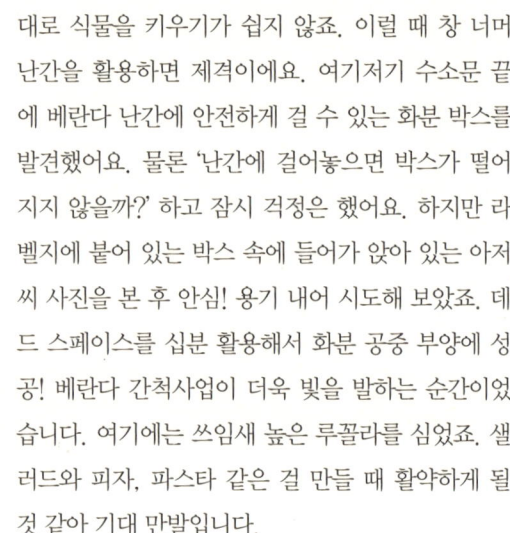

거실 베란다를 확장했거나 베란다가 비좁은 경우 제대로 식물을 키우기가 쉽지 않죠. 이럴 때 창 너머 난간을 활용하면 제격이에요. 여기저기 수소문 끝에 베란다 난간에 안전하게 걸 수 있는 화분 박스를 발견했어요. 물론 '난간에 걸어놓으면 박스가 떨어지지 않을까?' 하고 잠시 걱정은 했어요. 하지만 라벨지에 붙어 있는 박스 속에 들어가 앉아 있는 아저씨 사진을 본 후 안심! 용기 내어 시도해 보았죠. 데드 스페이스를 십분 활용해서 화분 공중 부양에 성공! 베란다 간척사업이 더욱 빛을 발하는 순간이었습니다. 여기에는 쓰임새 높은 루꼴라를 심었죠. 샐러드와 피자, 파스타 같은 걸 만들 때 활약하게 될 것 같아 기대 만발입니다.

❶ 베란다 난간에서 활약할 베란다 전용 용기 발견. 돌려보면 난간 걸이가 따로 있다.

❷ 바닥이 보이도록 뒤집어 망치로 물구멍을 뚫는다.

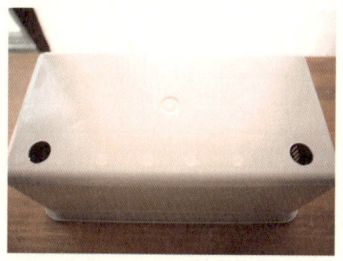

❸ 난간에 걸면 살짝 기울어지는 것을 감안해 걸이 반대쪽으로 난 구멍 두 개.

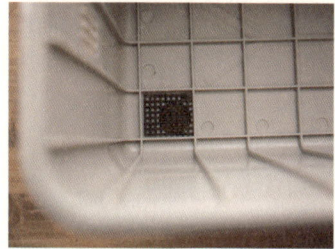

❹ 흙 물이 콸콸 쏟아지면 지나가던 행인이 놀랄 수도 있으므로 망 조각을 덮는다.

❺ 바닥에 물 빠짐을 도와주는 마사토와 난석을 깐다.

❻ 그 위에 용기의 80%를 상토로 채운다.

❼ 맨 윗부분에 3cm 가량 분변토를 덮는다.

❽ 어린잎 채소 파종과 마찬가지 방법으로 씨 뿌리고, 촉촉하게 물을 주고 20일 후 솎아 먹는다.

이 화분 박스 궁금하시죠?

❶ 난간에 걸 수 있도록 걸이가 달려 있는 베란다 난간 전용 화분.

❷ 난간에 화분을 건 다음 안전장치인 나사를 끼우고 단단히 조인다.

❸ 나사 두 개로 공중 부양에 성공한 발코니 텃밭. 다이소몰에서 1만4천9백원에 구입.

잎채소 솎기·수확하기

112

싹 싹, 싹이 났어요! 텃밭으로 구경 가요

지난 4월, 씨 뿌릴 때부터 줄 세운 보람이 있었어요. 5월이 되고 찬 기운이 싹 가시면서 잎채소 씨앗들이 단단한 땅을 뚫고 싹을 틔우더니 쑥쑥 자라 빼곡하게 자리를 잡았거든요. 텃밭의 장점을 이제 본격적으로 느끼고 있는 중이에요. 볕도 볕이지만 꽃이든 작물이든 통풍이 정말 중요하거든요. 아마 정원 가꿔보신 분들은 잘 아실 거예요. 베란다 난간에 화분을 내다 건 이유도 햇볕과 통풍 때문이었죠. 삼박자가 딱 들어맞으니 그저 씨를 뿌렸을 뿐인데, 단단한 땅을 기어이 뚫고 이렇게 빼곡하게 싹이 올라온 거예요. 이건 정말 경험해 보지 않으면 모를 신천지예요. '요 귀요미들을 어떻게 솎아낸단 말인가!'라고 생각하면서 꽃처럼 그냥 두고 때를 놓쳤다가는 큰코다쳐요. 잎을 솎지 않으면 통풍이 잘 되지 않고, 볕도 골고루 받을 수 없을뿐더러 흙이 축축해져서 벌레들이 이내 극성을 부리거든요. 이제 곧 열매채소 모종도 심어야 하고, 지지대도 세워야 하고, 쌈 채소 수확도 해야 하니, 5월에는 좀 분주해요. 하지만 걱정 마세요. 텃밭에 들를 때마다 단계별로 솎으면 일도 아니니까요.

언제, 어떻게 솎아야 할까요? 지금 이렇게요!

4월 말, 잎채소들 키가 5㎝나 될까요? 이때는 겹쳐서 자라는 잎들을 솎을 때죠. 채소마다 솎는 간격이나 방법에 다소 차이가 있기는 하지만 통풍이 잘 될 수 있도록 간격을 고려하면서 솎는다고 생각하면 쉬워요. 작물이 살짝 닿을 정도의 간격을 두고 중간에 있는 작물을 솎는 거죠. 5월 초가 되면 잎채소 밭이 그 자태를 뽐내기 시작합니다.

온도가 올라가면서 잎채소들이 빠르게 자라거든요. 이때는 더 자주 솎아줘야 해요. 자주 가지 못하니 한 번에 다 솎으면 되지, 하고 생각하면 오산이에요. 일주일만 건너뛰어도 엄청나게 자라 있으니까요. 이때 솎아 주지 않으면 지들끼리 자리 쟁탈전을 벌이느라 성장이 영 좋지 않아요. 잎채소의 최종 간격은 25㎝라고 생각하고, 3단계 작전을 세우세요. 처음에는 두세 개를 솎고, 좀 더 자란 후에 다시 세 개를 솎고, 다시 좀 더 자란 후에 세 개를 더 솎아서 한 개를 남기는 식으로 합니다.

솎는 기준이 따로 있냐고요? 신기하게도 잎을 들춰보면 감이 와요. 다른 녀석 밑에 깔려 햇빛을 덜 받은 새싹, 병충해 피해가 많은 새싹, 웃자란 새싹들이 솎기 1순위 잎들이에요. 간격 맞추고, 부족한 녀석들 골라내면 생각보다 다양한 새싹들이 바구니 한 가득이에요. 이것이 바로 그 소중하고 귀한 어린 잎 채소 세트가 되는 거죠.

봄 밥상 맛깔나게 채워줄 잎채소 수확

이제 서서히 '먹을 수 있는 때'가 되었어요. 심은 지 얼마 됐다고 벌써 먹느냐고 생각하실 수도 있지만 이런 게 바로 잎채소들의 매력이죠. 더구나 잎채소를 먹는 것은 권리가 아니라 의무라고 할 수 있어요. 솎아서 먹어주지 않으면 잘 자라지 못하거든요. 자, 그러면 한 놈씩 먹어볼까요? 봄 밥상에 생기를 더해 줄 상큼한 아이들을 만나러 갑니다.

❶ **쌈 채소** 씨앗을 촘촘하게 파종한 후 성장하기 시작하면 4월 말부터 수시로 솎아 먹어요. 쌈 채소는 일명, 솎음 수확 작물의 대표 주자라고 할 수 있죠. 쌈 채소를 사 먹으면 농사꾼이 아니라는 어느 선배 텃밭지기의 말처럼, 4월 어린잎부터 6월 초까지 각종 쌈 채소는 차고 넘치도록 수확할 수 있어요. 쌈 채소는 1~2주에 한 번 정도씩, 아래쪽 큰 잎 위주로 수확하면 되는데 이때 잎을 서너 장만 남기고 다 따준다고 생각하면 됩니다. 이렇게 자주, 열심히 먹어주어야 남은 아이들이 건강하게 자랄 수 있어요. 참! 쌈 채소 중에서 특히 쑥갓은 조금만 게을리 움직이면 금세 꽃을 피우기 때문에 더 힘을 내야 해요. 힘내서 먹어야 하는 거죠. 쑥갓은 다른 쌈 채소와 달리 윗부분을 손으로 똑똑 끊어서 따는 것이 방법입니다.

❷ **열무** 무순 아시죠? 4월, 밭에 나가 보면 열무 싹이 꼭 무순을 닮아 있어요. 그나마 줄 맞춰 심은 우리 무밭은 가지런하지만, 그냥 더미로 뿌린 자유로운 밭은 싹이 수북하게 솟아오르기 때문에 솎는 것도 일이죠. 4월 말, 잎들을 들춰보면 큰 잎에 치여 제대로 자라지 못하고 있는 녀석들을 발견할 수 있으니 그 녀석들이 자랄 수 있도록 과감히 솎아주세요. 5월 초에는 살포시 자란 열무를 수확해 먹기 시작하는데, 5월 말이 되면 한 뼘 이상 자란 여린 열무

가 나오죠. 이때가 제일 맛있어요. 벌레가 다 먹어버리기 전에 서둘러 먹어야 해요. 4월 편에서 솎는 방법을 알려 드렸지만 다시 한 번 더! 처음 심은 간격을 유지하면서 줄 세워 솎아주는데요. 1~2주 후, 새로 난 싹을 솎은 뒤 다시 1~2주 후에 잎과 잎의 간격을 10㎝ 이상 유지하면서 솎습니다. 최종 간격은 25~30㎝. 싹부터 수확을 시작해서 한 뼘 이상 자라면 뿌리째 뽑아 드셔도 좋아요.

❸ **근대 & 아욱** 파종 후 한 달 정도 지나면 수확할 수 있어요. 시장에서 사 먹던 것만 생각하고 '어라! 우리 밭의 녀석들은 왜 이렇게 잎이 작지?' 하고 실망할 수도 있어요. 그런데 작은 게 맞더라고요. 저도 처음에는 이걸 수확하는 게 맞나? 싶었는데, 잎 크기와 상관없이 향도 좋고, 그 부들부들한 잎을 넣고 된장국을 끓였더니 풍미가 최고였어요. 근대와 아욱은 어린잎부터 수확해 먹을 수 있고, 꽃대가 올라오기 전까지 계속 수확할 수 있어요. 일반적으로 근대는 상추와 같은 방법으로 수확해요. 20㎝ 정도의 간격을 두고 자라도록 해주면서 아래로 처지기 시작한 억센 잎과 줄기부터 따서 먹어요. 단, 한꺼번에 너무 많이 따지는 마세요. 잎이 대여섯 장 정도는 남아 있도록 배려해 주어야 하거든요. 아욱도 근대랑 같은 방법으로 수확해서 먹는데 잎이 다 컸다 싶으면 줄기 쪽을 20㎝ 정도만 남기고 잘라주세요.

❹ **시금치** 시중에서 보통 뿌리째 있는 것을 사 먹기 때문에 뿌리까지 수확해야 한다고 생각하지만 그렇지는 않아요. 5월부터 큰 잎을 따 먹을 수 있거든요. 싹이 나고 한 달가량 지나서 본잎이 예닐곱 장 정도 되었을 때 큰 잎을 따 먹는 거죠. 나중에 꽃대까지 다 올라오면 그때 뿌리째 뽑아 먹는 거예요. 그러니까 시중의 시금치들은 바로 이 무렵의 아이들인 거죠. 큰 잎만 솎아 먹을 때는 포기와 포기 사이가 5㎝ 정도를 유지하도록 하다가 자라면 20㎝ 간격으로 맞춰주세요. 5월에는 쌈 채소에 아욱, 근대로 국거리를 해결하고 사이사이 시금치 수확해서 나물 무쳐 먹으면 되니까 정말이지 반찬 걱정 따로 할 필요가 없어요.

텃밭의 꽃! 열매채소 모종 심기

모종 구입할 때 알아야 할 몇 가지

씨를 뿌리거나 집에서 미리 모종을 만드는 경우가 아니라면 모종 심는 시기인 5월 초에서 중순 사이 텃밭지기들의 손길이 분주해집니다. 텃밭의 시작이 쌈 채소라면 텃밭의 황금기는 바로 열매채소들이 익어가는 시기이기 때문이죠. 예전에는 3월이면 미리 모종을 준비했지만 최근엔 대부분 모종을 구입하는 경우가 많은데요. 모종 구입할 때 참고하세요.

❶ 종묘상을 이용하세요 화원, 재래시장, 화훼단지 등 4월 말부터는 어디서든 채소 모종을 쉽게 볼 수 있어요. 하지만 가급적이면 종묘상을 이용하세요. 같은 작물이라도 씨앗의 질이 다르거든요. 그리고 1백~2백원짜리 싼 아이보다 조금 더 값나가는 모종을 구해 심으면 수확할 때 돈값 한다는 걸 느낄 수 있어요. 게다가 종묘상에는 저희 집 베란다에 심은 전구 모양 방울토마토 같은 다양한 품종들이 있어서 더 재미있거든요.

❷ 모종은 이렇게 고르세요 농협에서 운영하는 하나로마트 화훼단지에 나가 보면 수십 가지의 모종이 한자리에 모여 있어요. 그 많은 것들이 다 똑같아 보이지만 사실은 조금씩 다르죠.
모종은 되도록 키가 작은 것을 구입하는 게 좋아요. 웃자란 모종은 정상 모종에 비해 잎이 나오는 마디 간격이 넓거든요. 키가 크다는 것은 햇볕을 덜 받고 자랐다는 뜻이므로 환경에 약하고, 병충해에도 쉽게 노출되는 편이랍니다. 또 하나 뿌리가 흙을 돌돌 감싸서 흙이 통째로 뽑히지 않는지 살펴보세요.

열매채소 아주심기는 언제가 좋을까?

초보 텃밭지기세요? 지난 2월부터 농사에 대해 공부도 하고, 3월에 밭 만들고, 거름 주고, 이랑도 만들고, 멀칭도 마치셨다고요? 4월에는 씨 뿌린 잎채소들 싹이 나기 시작했고, 드디어 5월 모종까지 마련했다면 이제 이 녀석들에게 알맞은 자리를 마련해 줄 때가 되었어요. 바로 이 모종들을 정식, 또는 아주심기 하는 거죠.

모종들을 노지로 옮기는 작업이니 나름 신경을 써야 합니다. 지난 3월 저희 베란다 육묘장에서 쑥쑥 자란 각종 모종들을 옮기는 작업이기도 하니, 팔 걷어붙이고 제대로 해봐야죠. 저는 대략 5월 10일에서 20일 사이 열매채소 모종을 심어요.

그중에서도 바람이 많지 않은 맑은 날을 골라 심으면 무리가 없어요. 시장에 나가 보면 4월에도 모종이 나오긴 하는데, 미리 심어봐야 잘 안 자라거든요. 모든 작물은 적당한 온도가 됐을 때 자라기 때문에 추위를 싫어하는 열매채소는 5월에 심는 것이 가장 좋답니다.

또 한 가지, 모종을 심는 적당한 시기 찾는 방법? 바로 프로 농부님들의 고추밭을 유심히 살펴보는 거예요. 눈치 쓰윽~ 보고 있다가 그곳에 고추 모종이 심어지는 날이면 그때가 바로 고추 모종 심기에 가장 좋은 시기! 저도 첫해에는 이 방법을 참고했지요.

열매채소의 특징 배우기

고추, 가지, 방울토마토 모종은 육묘 전문가의 손길을 빌려 종묘상에서 구입하고, 호박과 오이는 제 손으로 직접 육묘한 것을 심었어요. 나름 농사꾼의 자태가 느껴진다고 남편에게 칭찬도 받았죠. 열매채소 모종을 심고 나면 군데군데 비어 있던 텃밭이 제 자리를 잡아가요. 이렇게 해서 봄철 흙 살림은 일단락되는 셈입니다.

그러고 나면 곧 입하, 바로 여름이 시작되는 거예요. 열매채소들은 잎채소와 다르게 지주를 세워줘야 해요. 모종이 쑥쑥 자라 열매들이 주렁주렁 열리면 줄기를 지탱해 줄 지지대가 필요하거든요. 그 지지대를 지주라고 하지요. 채소마다 키가 달라서 다 자란 후 저마다의 크기에 따라 지주의 크기도 다르고, 심는 위치나 간격도 달라져요. 심을 때 이것들을 고려하지 않으면 한여름, 그야말로 누가 누구인지도 모른 채 텃밭 숲을 헤매야 하는 상황이 되죠. 예를 들어 키 큰 오이와 호박 사이에 키 작은 고추 같은 것을 심었다가는 열매를 찾아다녀야 하는 수난을 겪게 될걸요.

❶ **키 큰 작물(토마토·오이·호박)** 토마토, 오이, 호박 같은 아이들은 사람과 비슷한 키를 자랑합니다. 150㎝까지 자라거든요. 때문에 간격을 너무 촘촘하게 잡으면 아주 불편한 상황이 됩니다. 이 녀석들을 심을 때는 120㎝ 이랑을 기준으로 줄 간격 60㎝, 작물들 사이의 간격은 40㎝ 정도로 널찍하게 잡는 것이 좋아요. 키가 크다 보니 키 작은 작물들에게 배분될 빛을 막을 수도 있거든요. 그래서 키 큰 작물들은 가능하면 밭의 북쪽에 심는 것이 방법입니다.

❷ **키 작은 작물(고추·가지·피망·파프리카)** 작은 고추가 맵다는 말 기억하시죠? 열매가 작은 고추와 피망, 파프리카 그리고 가지 같은 식물들은 훌쩍 크는 법이 없습니다. 그래서 지주를 세울 때도 키 큰 아이들과는 다르게 해주어야 합니다. 80㎝ 이랑을 기준으로 볼 때 줄 간격은 40㎝ 정도가 적당합니다. 작물 간격은 저마다 조금씩 다른 편인데 고추는 40㎝, 피망은 50~60㎝, 가지는 40~50㎝ 정도로 잡으면 맞춤이랍니다.

열매채소 자리 잡는 법

오이, 호박, 고추, 토마토… 이름만으로도 신선한 느낌이 절로 나는 열매채소들. 서로 키가 달라서 이랑의 줄 간격이나 작물 사이 간격은 조금씩 다르지만, 자리를 잡는 방법은 같습니다. 어떻게 하는지 살펴보기로 하죠.
❶ 심기 전 쇠갈퀴로 밭을 한차례 긁는다.
❷ 구덩이를 판 다음 물을 반 바가지 정도 붓고 흙에 물이 스며들면 다시 물을 붓는 과정을 2~3차례 반복한다.
❸ 물이 스며들면 모종을 넣고 흙을 덮는다. 물이 있는 상태에서 모종을 심으면 모종에 붙어 있던 흙이 떨어져 뿌리가 다칠 수 있다.

열매채소들의 집, 지주 세우기

지주를 꼭 세워야 하냐고요? 네!

이맘때쯤 나가 보면 작물들이 대부분 자리를 잡고, 텃밭마다 집짓기가 한창이에요. 지주란 열매채소들의 집이라고 할 수 있죠. 어떤 모양으로 무엇을 사용하여 지었는지 구경하는 재미도 쏠쏠합니다.

종묘상에서 구할 수 있는 농사 전용 지주부터 개성 있는 나뭇가지 등 소재도 다양하고, 모양도 가지각색! 너른 농장을 둘러보면 저마다 세워 놓은 지주에 따라 텃밭지기들의 성격과 스타일을 엿볼 수 있습니다. 그런데 지주를 꼭 세워야 하냐고요? 네! 그렇지 않으면 가는 줄기가 주렁주렁 달린 열매들을 견디지 못해 쓰러지고 말겠지요. 지주는 모종을 심기 전에 미리 세우기도 하고, 모종을 심은 후에 세우기도 합니다. 저요? 저는 모종을 심고 난 뒤 지주를 세운답니다.

키 큰 자작나무와 농사 전용 지주, 두 가지를 모두 사용해 봤는데 저마다 다른 특징이 있습니다. 나무 지주는 해마다 키 큰 나뭇가지를 구해야 하니 번거롭지만, 비주얼을 중요하게 여기는 저는 위풍당당한 자작나무 가지를 포기할 수 없었어요.

사실 실속을 따진다면 농사 전용 지주가 제격이죠. 엄청 튼튼해서 망치질로 땅 속 깊숙이 박을 수 있는데다, 잘 보관했다가 다음 해에 또 쓸 수 있으니 더할 나위 없죠. 지주는 땅 속 깊이 눌러 박아야 하니 비 온 뒤, 땅이 아직 축축할 때 작업하면 한결 수월하답니다.

토마토 · 오이 · 호박… 키 큰 채소는 이렇게!

토마토처럼 열매가 굵고 키가 큰 작물이나 오이, 호박처럼 지주를 타고 올라가면서 열매 맺는 작물은 150㎝ 정도 길이의 지주를 사용해요. 지주 모양이 삼각형이어서 삼각 지주라고 부르기도 하고, 지주와 지주가 만난다고 해서 합장 지주라고도 해요. 지주와 지주가 만나는 윗부분을 끈으로 단단히 고정시키는 것이 포인트예요.

❶ 지주 2개씩 작물 3개에 지주 1개 비율로 손으로 눌러 박아 삼각형 모양을 만든다. 작물 수에 따라 같은 방법으로 지주를 세운다.

❷ 삼각형 모양으로 세운 2개의 지주가 만나는 부분을 끈 등으로 감는다. 먼저 좌우로 감아 팽팽히 당기고, 다시 위아래로 엮어서 당겨야 단단히 고정시킬 수 있다.

❸ 작물이 자랄 것을 고려해 삼각형 지주 중간중간 30~40㎝씩 간격을 두고 가로로 지주를 덧댄다. 이때 지주를 엮는 방법은 ②와 같다.

❹ 오이와 호박에는 망을 씌우거나 끈을 좀 더 촘촘하게 쳐 오이와 호박의 덩굴손이 잡고 올라가게 한다.

❺ 오이와 호박은 덩굴손이 나와 스스로 지탱하지만 토마토는 줄기를 옆줄에 연결시켜야 쓰러지지 않는다. 토마토를 옆줄에 묶을 때는 8자 매듭으로 엮는다.

고추 · 가지 · 피망… 키 작은 채소는 이렇게!

키가 크지 않고 무게를 많이 받지 않으므로 120㎝ 정도 길이의 지주를 이용해요. 작물 하나에 지주 하나씩 세우는 일대일 지주는 서너 그루의 작물을 심을 때 활용하고요, 고추처럼 작물을 많이 심을 때에는 작물 양 끝에 지주를 각각 세운 후 그 사이에 고추를 심고 끈으로 고정시키기도 해요.

❶ 지주는 작물 3개당 1개씩 손으로 눌러 땅에 박는다.
❷ 땅에서 30㎝ 높이에서 첫 번째 지주에 끈을 고정한 후, 다음 지주에서 끈을 한 바퀴 감고 가볍게 당긴다. 지주마다 이 동작을 반복하다 마지막 지주에서 다시 처음으로 돌아와 처음 시작했던 지주에 끈을 묶어 마무리한다.
❸ 짧은 끈을 활용, 미리 고정시킨 ②의 각 옆줄과 작물을 8자 매듭으로 묶어 고정시킨다.
❹ 작물이 자람에 따라 작물 키에 맞춰 2단, 3단에도 옆줄을 친다.

텃밭지기마다 다른
지주 퍼레이드

꽃봉오리 터진다, 5월의 허브가든

우윳빛 완두콩꽃, 보라색 껍질콩꽃,
새하얀 감자꽃에 노란색 오이꽃.
황금 주키니호박까지 자태를 드러내는
여기 이곳, 나의 키친 가든.
저만치, 허브 가든에서는 어떤 일이 일어나고 있을까?
하나둘 꽃봉오리 터지는가 싶더니
잎마다 다른 향기가 발길을 묶어둔다.
오렌지 빛깔 곱디고운 카렌듈라,
바람에 흔들흔들 연보랏빛 차이브,
기어이 꽃을 피운 작은 잎 야로우,
꽃보다 예쁜 잎, 레드클로버….
키친 가든에 질세라 꽃 잔치를 벌인
허브 가든에는… 벌 천지다. 벌들, 신 났구나.

겨우 손바닥만 한 텃밭 하나 임대 받고는
마치 산골 아낙처럼 촌티를 내면서

바구니 이고 지고, 손톱 밑에 흙 채우며
강아지처럼 쫄랑거리고 있습니다.

저란 사람은 참… 쉬워요. 쉬운 여자예요.

다른 바지 많은데 굳이
헐렁뱅이 고쟁이 스타일 꽃무늬 바지로,

다른 모자를 써도 아무 문제없는데
기어이 원예용 모자 착 챙겨 쓰고서는

나 비주얼 너~무 되잖아, 그러면서

갑니다, 6월의 내 밭으로.
내 새끼들 오글오글 자라고 있는 그 집으로!

6월

물도 볕도 충분하니까…
수확의 기쁨이 주렁주렁!
채소, 잔치는 시작되었다

비오는 날의 흙 살림

흙 살림꾼이 되고 난 후부터 비 올 무렵이면
개골개골, 개구리 모드로 분주해졌다.
비 오기 전 김매고, 파종하고, 배수구 정리.
비 그치면 비닐 옷 입혀 주고, 지주 세우기.
그보다, 그보다도 반가운 것은
빗물 머금어 깊어진 흙내음이다.
볕든 날은 백설기처럼 포슬포슬하고,
비 내린 뒤엔 찰떡처럼 찐득해지는 내 밭의 내 흙.
나는 또 쪼그리고 앉은 채 흙장난에 빠져든다.

탐스럽게 주렁주렁 열린 목수국,
초여름 비 꿀꺽 삼켜 더 생생해진 등나무꽃,
산자락부터 밀려 내려온 아카시아 향기까지…
밭도 보고, 꽃도 즐기니 에헤라디야!

하늘이 비 머금어 구물구물하기에
장화 신고 텃밭으로 출근 도장 찍으러!
급성장 중인 비타민을 솎아 양철통 가득 담았다.
뭐든 너무 일찍 자라는 건 안 좋아.
너무 일찍 늙는 것도 손해나는 일이지.
이제 비타민과는 이별할 시간이 다가오는구나.
아직 내게는 남은 자식들이 무한정이니
슬퍼하지 말고 기운 차려야지.
빗방울 성글성글 맺힌 딸기 잎사귀.
선명한 보랏빛 라벤더와 캐모마일, 애플민트….
곧 너희들의 때가 당도할 테니.

텃밭지기들은 기상청하고 친하다면서요?

매일 아침, 눈을 뜨면 가장 먼저 제 블로그와 만납니다. 집으로 출근하는 저에게는 결재 서류 같은 것이랄까요? 그런데 흙 살림을 시작하면서는 블로그와 함께 날씨도 체크하기 시작했습니다.

비가 오려나? 너무 뜨겁지는 말아야 할 텐데, 우리 새끼들 목마르면 안 되는데…. 어미 된 도리로 챙겨야 할 일들이 많은 까닭이지요. 그중에서도 비 예보에 가장 민감해져요. 비 예보가 있으면 흙 살림 일정이 분주해집니다.

왜냐하면 비 오기 3일 전쯤 모종을 심는 것이 가장 좋거든요. 작물들이 목마를 즈음에 딱 맞춰 비가 오면 따로 물 주러 나갈 필요가 없으니까요. 일손이 절로 덜어지니 신 나는 일이지요. 풀 뽑기도 마찬가지예요. 비 오기 전에 미리 잡풀들을 정리하면 흙 속에 물이 더 잘 스며들어서 작물들에게 충분한 수분을 공급할 수 있거든요.

비 오기 전에는 김매고, 파종하고, 배수구 정리하고. 비 온 뒤에는 비닐 멀칭하고, 지주 세우고. 이것들을 지키지 않는다고 해서 텃밭에 큰 무리가 가는 것은 아니지만, 계획 세워서 정성으로 공들인 흙 살림을 더 빛나게 할 방법들이니 참고해 두면 좋겠습니다.

붕붕카 타고 붕붕붕, 풀 뽑기

잡초 무시했다가는 텃밭 농사 망치기 십상이라네

4월에는 잎채소 씨 뿌리고, 5월에 열매채소 모종까지 심고 나면 다소 느슨해지는 것이 사실이에요. 밭 만들고 거름 주고, 작물들 자리까지 잡았으니 더 이상의 몸놀림이 귀찮아지는 거죠. 그런데 앞장에서도 얘기했던 것처럼 식물들은 농부의 발자국 소리를 듣고 자란다잖아요. '주인님이 왔나 안 왔나, 나한테 관심이 있나 없나' 이러면서요.

6월 뜨거운 볕이 한창인 시기에 텃밭지기의 발길이 분주해지는 것은 바로 잡초 때문이에요. 볕과 바람, 수분과 영양분. 내 새끼들 먹여도 모자랄 그 귀한 것들을 잡초들이 홀랑 먹어치우기 때문이지요. 그러니 지금부터는 잡초와의 전쟁을 선포할 수밖에 없어요. 자라는 열매만큼 잡초도 자라나니까요.

실제로 농부들이 가장 번잡하게 생각하는 부분이 잡초 뽑기, 즉 김매기랍니다. 한여름 뙤약볕에서 풀 뽑는 일은 어마무시하게 고생스럽습니다. 하지만 이 정도 규모의 텃밭이라면 뭐, 해볼 만하다고 위로의 말부터 전합니다.

먼저 요령을 익히세요. 제 요령 중 큰 비중을 차지하는 것 중 하나가 일명 '붕붕카'입니다. 의자 모양을 하고 있으면서 아래엔 바퀴가 달린 붕붕카에 앉아서 요리조리 이랑을 싸돌아다니다 보면 어느새 정신없던 밭이 우리 집 냉장고처럼 착착 정리되니까요.

사실 김매기는 지구력 싸움입니다. 요령도 중요하지만 작물들 사랑하는 마음으로 묵묵히 뽑아주는 것 말고는 별다른 수가 없거든요. 우두둑 우두둑 관절마다 요동치지만 붕붕카에 기대어 오늘 하루도 잡초와의 전쟁에서 이기고 돌아갑니다.

김매기에 무슨 특별한 노하우 없나? 없어요!

붕붕카가 있다고는 해도 결국은 일일이 뽑아주는 것 외에 다른 해답은 없습니다. 하지만 매주 1시간 정도면 잡초에 대처할 수 있으니 너무 큰 걱정은 마세요. 게다가 '오늘은 풀 베는 날!' 하면서 작정하고 나가면 진짜 고단해요. 그저 '오늘은 열매채소들이 얼마나 열렸는지, 허브들이 얼마나 자랐는지 살피러 갈까?' 하고 나가는 게 방법이죠. 아이들 불편한 건 없는지 구석구석 살피면서 방해꾼들을 뽑아내다 보면 시간이 후딱 가거든요. 더구나 6월이면 워낙 볕이 좋으니 작물도 수확하고, 잡초도 뽑으면서 두 가지 업무를 동시에 할 수 있답니다. 먼저 잡초 뿌리를 깨끗이 잘라낸 후 뽑은 잡초를 다른 곳으로 옮기세요. 뽑은 풀은 별도의 장소로 가져가서 태우든지, 쌓아놓고 퇴비로 만들기도 하더라고요.

저는 과감히 처치했어요. 잡초는 부지런히 뽑아도 3주 정도면 다시 싹을 틔우고 자라지만, 채소밭이 잡초더미가 되는 데는 한 달 정도가 걸리죠. 그러니까 겁먹을 필요까지는 없습니다. 잡초를 뽑을 때는 호미를 활용하면 뿌리부터 잘라내기에 편합니다. 이때, 흙을 긁어내듯 잡초 뿌리를 잘라주는 거예요. 큰 고랑은 붕붕카 타고 옆으로 붕붕붕, 좁은 고랑에서는 앞으로 직진! 운전 솜씨가 하루하루 일취월장이네요.

허허허, 허브!
6월은 얘네들 세상

쌀가루 빚어놓은 듯 가지런한 흙밭. 깨알 같은 씨앗, 손가락 한 마디 모종⋯ 어떤 모양으로 나를 흥분시킬까?

프로방스가 아니어도 좋아! 손바닥 허브 정원

해외여행 한번 떠나려면 1년은 별러야 하는데… 언 감생심 프로방스로 떠나는 일이 가당키나 하겠어 요? 게다가 허브 보러 간다고 하면 가족들이 웃지 않겠어요? 갑자기 왜 프로방스 여행 타령이냐고요. 허브 때문이에요. 끝 간 데 모를 너른 밭에 보랏빛 라벤더 꽃이 물결치는 사진, 한번쯤 보았던 적 있으 시죠? 언젠가 꼭 한 번은 그곳으로 가리라, 하면서 늘 꿈을 꾸고 있답니다.

아쉬운 대로 베란다 귀퉁이에 허브 화분 몇 점 늘어 놓고 키우면서 위안하던 저에게 텃밭이 생겼으니… 제가 어찌 했겠어요? 당연히 허브 천지를 만들기 시 작했죠. 물론 고민은 있었습니다. 채소 심기에도 부 족할 텐데 허브까지 키울 여유가 있을까, 싶었죠. 첫해에는 안전한 작물 몇 가지로 시작했다가 다음

해부터 과감히 밭을 한 이랑 더 늘려서 계약했어요. 그러고는 '키친가든'과 '허브가든' 같은 거창한 팻말 내걸고 소소한 허브들을 하나둘 늘려 심었죠. 실은 심으면서도 이 녀석들이 어떤 꽃을 피울지, 꽃을 피 우기는 할지 걱정 반 기대 반이었습니다.

그런데 허브, 요것들 참 착하데요. 밭에 자리를 잡 기 시작하면서 이내 꽃봉오리를 틔우더니 한 달 만 에 숲을 이루고 기어이 화려한 꽃잎을 피워 올리는 거였어요. 아! 저 울 뻔했어요. 얼마나 아름답던지, 얼마나 기특하던지요. 밭이 작아서 허브 심을 여유 가 없다 하더라도 라벤더, 민트, 캐모마일, 바질 정 도는 한 그루씩 심어보세요. 생각보다 손 많이 가지 않고, 기르기가 정말 쉬워서 한여름 뙤약볕도 마다 않고 밭으로, 밭으로 달려 나가게 한다니까요.

남의 밭에 가지 마라, 캐모마일 울타리 치기

베란다에서 허브를 키워봤지만 화사하게 꽃을 피우거나 크게 자라지는 못하는 형국이라, 대체 얼마나 성장할 수 있는지 가늠하기 어려웠어요. 그런데 갖가지 허브를 노지에 심어보니 이 아이들이 정말 왕성하게 자라더군요.

개구쟁이라도 좋다, 튼튼하게만 자라다오! 하면서 주문을 외웠던 덕일까? 저는 정말 흥이 났죠. 모종을 구할 수 있는 대부분의 허브들은 노지에 심기만 하면 크게 손 가지 않고 아주 착해요. 그저 꽃을 따서 차로 활용할 수 있는 캐모마일에 울타리를 쳐주

는 정도가 일거리라고 할 수 있겠죠.

6월 어느 날, 열매채소 수확을 끝낸 뒤 김매러 나갔다가 꺄악~ 그랬어요. 거짓말 조금 보태서 손바닥만 하게 자라고 있는 바질 잎, 사방 천지로 글로벌하게 뻗어나가고 있는 캐모마일 때문이었죠. 덜컥 무서워질 정도였거든요. 결국 자작나무를 공수해 아담한 울타리 공사에 들어갔죠. 그날, 저는 캐모마일 꽃잎 뜯어 반지 만들면서 약속했어요. '언젠가는 울타리에 갇히지 않고 드넓은 땅에서 뿌리내리고 살게 해줄게.'

탱글탱글, 열매채소 수확하기

❶ **래디시** 필수 작물은 작물대로, 희귀 작물은 작물대로 모두 심어 길러 먹어야 하니 저의 밭은 정말이지 과부하가 걸릴 지경입니다. 그래도 어쩌나요. 다 심고 싶은 걸요. 제가 심은 희귀 작물 중 하나가 바로 래디시입니다. 일명 빨간 무, 아니 빨간 열무예요. 보통 씨 뿌리고 3~4주 후에는 수확할 수 있을 만큼 성장이 빠른 편이죠. 수확하지 않고 방치하면 어느새 꽃대가 나오고 꽃이 피니 서둘러야 해요. 수확 방법이요? 빨간 뿌리 위쪽을 잡고, 쑥~ 뽑으면 되죠! 샐러드에 넣어 먹으면 눈도 즐겁고, 식감도 훌륭해요. 열무처럼 봄에 김치를 담가 먹거나 피클을 담가도 그만이랍니다.

144

❷ **고추** 열매채소 중 빼놓을 수 없는 대표 주자, 풋고추. 아주심고 4~5주 정도 지나 열매가 열리기 시작하면 바로 따먹을 수 있어요. 모양내어 키워서 내다 팔 것도 아니니까 일단 열리기 시작하면 손가락만 한 것들도 바로 따 먹을 수 있어요. 게다가 첫 고추는 미리 따줘야 다음 열매가 많이 열리죠. 특히 2~3갈래로 갈라지는 첫 번째 줄기 아래에 생기는 새로운 줄기는 빨리 따주는 것이 성장에 도움이 됩니다. 고추는 장마 관리만 잘하면 9월까지 충분히, 아주 많은 양을 수확할 수 있어요. 다섯 그루 이상 심었다면 생으로 찍어 먹는 것만으로는 감당할 수 없으니 따지 말고 그대로 두었다가 쓰세요. 빨갛게 익으면 김치 담글 때 물고추로 사용하거나 붉게 물들기 전, 장아찌로 만드는 것도 방법이에요.

❸ 호박 · 주키니호박 6월 말부터 8월까지 다양한 식재료로 사용되는 착한 아이, 호박. 게다가 2013년 처음 시도한 주키니호박은 기르는 내내 얼마나 감탄사를 연발하게 만드는지 몰라요. 덩치가, 덩치가… 아주 깍두기 아저씨들 수준이에요. 그러니 수확할 때도 함부로 할 수 없습니다. 가위로 얌전하게, 똑똑 끊어내듯 잘라주어야 가지가 덜 상해요. 수확하면서 시든 잎이 보이거나 병들어 누렇게 곰삭은 잎이 나오거든 냉큼 따주세요.

❹ 피클 오이 · 오이 성장이 빠른 오이의 경우, 수확 시기를 놓치면 노각이 됩니다. 노각 아시죠? 할머니요, 할머니 오이! 6월 초부터 7월경, 그야말로 눈 부릅뜨고 지켜봐야 해요. 때를 놓치면 푸릇하던 아이들이 어느새 지팡이를 짚고 나타나거든요. 늦었다 싶으면 아예 노각으로 키워 먹는 것도 방법이겠죠.
오이는 대부분 7월로 접어들면 대롱대롱 열매를 매달게 됩니다. 그런데 장난꾸러기 오이는 잎과 줄기 사이에 숨어 있으니 가위를 사용해서 하나하나씩 꼭지를 잘라 수확해야 해요. 참! 조금 작다 싶어도 수확하는 것이 방법입니다. 한 주 지나 나가보면 색이 조금씩 변하기 시작하면서 늙은 오이로 가려는 길목에 서 있거든요. 이에 반해 피클 오이는 6월 중순경이면 수확이 가능합니다. 이 또한 가위로 꼭지를 잘라 수확하세요.

❻ 가지 사실 6월 말에는 딸까, 말까 망설여지는 크기예요. 7월부터 본격 수확을 시작하죠. 품종에 따라 다르지만, 보통 꽃이 핀 후 20~25일이 지나면 수확할 수 있어요. 그래도 일정을 봐서 다음 주에 방문할 수 없다면 미리 수확해도 큰 무리는 없어요.
수확에 앞서 꽃 피기 전, 줄기와 잎에 특별히 신경 쓰는 것이 좋습니다. 왜냐하면 가지는 햇빛을 무척 좋아하기 때문이죠. 연약해진 잎과 줄기를 수시로 잘라주어 아래쪽에 있는 가지 열매에 햇빛이 잘 닿게 해줘야 해요. 오죽하면 가지는 자기 몸에 붙은 열매로 인한 그늘조차 싫어한다는 말이 있다니까요. 이것만 신경 쓰면 제법 쏠쏠하게 수확할 수 있답니다.

❺ 토마토 6월부터 수확 가능하지만 본격적인 수확은 7월이에요. 성숙이 끝나서 약간 붉은 기만 돌면 수확하죠. 그 상태로 20일 이상 실내에 두면 술 취한 듯 빨간 얼굴로 변하거든요. 단, 방울토마토는 완전히 붉어진 다음에 수확합니다. 다른 열매채소와 달리 특히 신경 써야 할 것은 곁순치기예요. 토마토가 자리를 잡고 본격적으로 자라기 시작하는 6월이면 잎을 달고 있는 줄기와 원줄기 사이에 곁가지가 발생하거든요. 이 곁가지를 모두 제거해 줘야 원줄기가 잘 자란답니다. 그대로 두면 줄기가 너무 무성해져서 열매가 부실하게 달린다는 것, 꼭 기억하셔야 합니다.

❼ **완두콩** 파종부터 수확까지의 기간이 짧은 완두콩. 5월 말부터 조금씩 수확하다가 6월이면 날마다 밥에 놔먹을 수 있을 만큼 거둘 수 있어요. 완두콩 꼬투리 색깔이 녹색에서 옅은 노란색으로 변할 무렵이 가장 잘 익었을 때죠. 사실 딸기는 재미 삼아 심었었는데, 선배 텃밭지기들의 이야기를 들어보니 딸기와 완두콩의 수확 시기가 같다고 하는군요. 둘이 친한가 봐요. 단짝이거나, 애인이거나!

❽ **브로콜리** 지난 5월, 가벼운 마음으로 모종 3개를 심었더니 나무늘보처럼 느릿느릿 잎사귀 몇 개 달았던 브로콜리. 그런데 어느 시점부터 갑자기 폭풍 성장을 하면서 텃밭지기들의 주목을 받기 시작했습니다. 사람들이 자꾸 다가와서 케일이냐고 묻잖아요. 그러면 듣는 브로콜리가 얼마나 섭섭하겠어요?
그러니까 이 아이는 정식 후 두어 달 정도 지나면 케일인가, 싶은 큰 잎들 사이에 꽃봉오리가 생겨요. 식용하는 부위인 꽃봉오리는 약 7만 개 이상의 꽃눈으로 이루어져 있는 꽃눈 집합체래요. 브로콜리의 초록색 덩어리를 열매라고 생각하지만 사실 꽃봉오리였던 거죠.
꽃이 피기 전인 6월경, 바로 이 봉오리를 수확해야 해요. 한 포기에서 한 개의 꽃봉오리를 수확하는데 이때 잎을 몇 장 붙여서 잘라내세요. 브로콜리는 대부분 장마 전에 수확이 끝난답니다.

바질, 캐모마일, 카렌듈라 수확하기

❶ **바질** 장마가 주춤해진 어느 날, 무슨 큰일이라도 난 것처럼 서둘러서 텃밭으로 달려갑니다. 열매채소 돌보고 수확하느라 잠시 소홀했더니 꼬꼬마 바질이 허리춤까지 차고 올라올 기세잖아요. 이 알싸한 바질 향기. 몇 그루 심지도 않았건만 따고 또 따고…. 마트에 가면 손바닥만 한 용기에 바질 잎 몇 장 담아놓고 꽤 비싸게 팔던데 그럼 이게 돈이 얼마냐고요. 그뿐이에요? 말려 빻은 바질가루는 뭐 값이 만만한가요? 너희들 정말 잘한다, 하면서 똑똑똑 이파리 끊어 담았더니 큼직한 바구니가 차고 넘칠 지경이네요. 네. 바질은 6월 초부터 수확을 시작해요. 7월 초가 되면 꽃대가 자라 잎이 작아지고 성장이 멈추므로 이때가 바로 바질 수확에 가장 좋은 시기예요. 윤기가 돌며, 짙은 녹색을 띠는 녀석들 위주로 수확하세요.

❷ **캐모마일** 앞에서도 말했듯 캐모마일은 독립시켜야 해요. 울타리를 마련해 줘야 할 만큼 크게 자라거든요. 캐모마일은 차로 유명한 허브인 거 아시죠? 하얗고 자잘한 꽃들이 초여름 내내 텃밭에 올 때마다 반갑게 맞아줬어요. 그런데 저요. 모종 심고 난 후 캐모마일을 보고는 "어? 이거 당근인가?" 그랬어요. 당근이랑 쌍둥이처럼 닮아서요. 6월 중순에 이르러 개화를 시작하고 나서야 그 녀석이 캐모마일인 걸 알겠더군요. 바질과 마찬가지로 크게 손 타지 않으면서 워낙 성장이 빠른 편입니다. 수확은 장마 전에 끝내는 것이 좋고, 오후에 활짝 폈을 때 따야 향이 좋아요. 시도해 보지는 않았지만 떨어진 씨앗이 다음 해 자연적으로 올라온다니 다음 해에도 갈아엎지 않을 땅에 심으면 좋다고 하네요.

❸ **카렌듈라** 오렌지와 옐로, 빛깔도 화려한 카렌듈라는 꽃을 보는 즐거움이 큰 허브입니다. 관상용으로도 좋고, 꽃으로 오일을 만들 수 있어서 기르기 시작했어요. 소염, 피부 진정 효과가 있다는 카렌듈라 꽃에 천연 식물성 오일을 부어 마사지오일로 활용하면 좋대요. 사실 뭐… 꽃을 수확한 후 장마로 인해 꽃 말리기에 실패해서 마사지오일 만들기에는 성공하지 못했지만요.
그래도 허브 가든에서 가장 화려한 컬러를 자랑하며 눈요기 실컷하게 해준 고마운 허브니까 충분히 만족해요. 모종 심은 후 6월 중순경 꽃이 활짝 피는데요. 이때가 수확 시기입니다. 이 아이도 역시 오후에 꽃이 활짝 폈을 때 따야 향이 좋답니다. 몇 그루 심지 않아도 화려한 자태로 큰 즐거움을 주는 녀석이에요.

먹고 놀고 쉬어 가리라, 텃밭 캠핑

아직 땅이 녹기 전부터 언 손과 언 발 참아가며 하루하루 참, 부지런히 달려왔어요. 2011년부터 시작한 흙 살림이 2013년이 돼서는 나름 손에 익어 허브가든도 만들고, 직접 육묘에도 도전할 수 있었죠. 여유가 생겼는지 이젠 두리번두리번 주변 경치까지 눈에 담으며 밭일을 즐기게 되었다지요. 6월은 저 멀리 낮은 산에 초록이 무성하고, 등나무꽃도 설렁설렁 늘어지며 간간이 불어오는 꽃바람까지… 모든 것이 다 선물 같습니다. 텃밭 터줏대감인 멍멍이, 맴맴 제 곁을 맴돌면서 밥 달라 사랑 달라 그러네요. 무엇보다 신 나는 건 열 발짝만 걸어가면 차고 넘치는 먹을거리입니다. 쌈 채소 푸릇푸릇, 열매들은 주렁주렁 달리기 시작했으니 임금님도 부럽지 않아요. 씨 뿌리고, 잡초 뽑고, 벌레와 씨름하며 수확하느라 열심히 달렸으니 이젠 나에게 선물을 안겨줄 차례입니다. 무슨 선물? 보석 선물? 아니 아니, 캠핑 놀이요. 오늘은 텃밭에 앉아 먹고 놀고 쉬면서 캠핑 놀이 좀 즐겨보겠습니다.

빈 오두막 전세 내고 어디 한번 놀아보세

아이스박스 장착하고, 큼직한 바구니도 덤으로 끼우고, 대나무 통까지 공수해서 텃밭으로 캠핑 갑니다. 집에서 10분이면 도착하는데다 저벅저벅 몇 걸음이면 텃밭 가득 먹을거리! 그런데 아이스박스와 바구니가 왜 필요하냐고요? 뭐가 들어 있을지는 이제 곧 공개하겠습니다. 텃밭 입구의 오두막이 오늘은 제발 비어 있기를 바라며 이른 아침부터 서둘렀습니다. 이런 날엔 당연히 지인들도 초대해야죠. 쌈 채소와 오이, 고추까지 아삭아삭 나눠 먹으며 이야기꽃을 피워야죠. 먹여주고, 들려 보내도 차고 넘치는 채소들에게 박수라도 보내고 싶은 심정입니다. 정말이지 흙 살림이 좋아요.

7월

본격 장마 시작되기 전,
주렁주렁 감자 줄기…
상반기 농사 마무리하기

여름휴가도 귀찮아요.
바캉스도 짜증나요.
게다가 장마는… 아, 진짜!

피서 간다 집 비우고,
비 온다 발 묶이는 7월에는
콩 볶듯, 콩 튀듯 마음 툭탁거립니다.
텃밭의 자식들을
챙기지 못해 안달 난 엄마 마음이죠.

그래도, 그렇지만요.
땅 밑에서 탱글탱글 여물어가고 있을
감자 생각에 기대 만발입니다.

지금, 감자 만나러 갑니다

수확의 기쁨이 남다르기 때문일까요? 처음 흙 살림을 시작하던 때부터 한 해도 거르지 않고 감자를 심었습니다. 싹 틔워 밭으로 데려다가 심은 뒤 한두 달이 지나면 잎들이 무성해요. 그런데 요 녀석은 고추나 호박, 오이처럼 열매를 대롱대롱 매다는 게 아니잖아요. 땅속 깊이 몸을 숨기고 있으니 그 자태를 확인할 수가 없죠. 덕분에 해마다 수확 무렵이면 더욱 흥분했던 것 같아요. 클까? 작을까? 열리기는 한 걸까? 그러면서 두근 반 세근 반 긴장하는 거죠.

이제 곧 본격 장마가 시작될 시기이니 날씨는 또 얼마나 더운지요. 그런데도 무더위 같은 게 무섭지 않을 만큼 엄청난 기쁨을 주는 게 바로 감자랍니다. 감자는 초보 텃밭지기였던 저를 무시하지 않았어요. 쑥 뽑아 올리니 주먹만 한 알맹이들이 주렁주렁 매달려 올라오더라구요. 왈칵! 눈물이 날 뻔했죠.

껑깡 크기 감자, 주먹 크기 감자, 뭐든 다 좋아요. 조려 먹고, 국 끓여 먹고, 감자밥도 해 먹고! 포슬포슬 김나게 쪄 먹는 햇감자는 더위도 식혀주잖아요. 감자를 기르는 일은 텃밭이 아니면 쉽지 않으니… 이 녀석이야말로 텃밭의 제왕이라 할 수 있겠어요.

알 굵은 감자를 만드는 3가지 방법

3월 말에서 4월 초에 심은 씨감자가 20일 정도 지나면 땅 위로 싹을 내밀었다가 1개월가량 지나면 제자리를 잡습니다. 두 달쯤 지나면 꽃이 피고, 잎이 무성해지죠. '땅 밑에서는 지금 무슨 일이 벌어지고 있는 걸까?' 정말 궁금해지는 시기입니다. 하마터면 두더지처럼 땅을 파고 들어갈 뻔했다니까요. 자, 이 감자는 두어 차례 북주고, 줄기 잘라주고, 꽃대까지 정리하는 등 몇 가지 해야 할 일이 있어요.

❶ 북주기는 5월 중순과 6월 중순, 두 차례로 이루어져요. 북주기는 고랑으로 쓸려 내려간 흙을 두둑 위로 올려주는 작업이죠. 감자가 자라면서 혹 얕게 묻힌 녀석은 땅 위로 모습을 드러내기도 하거든요. 햇빛을 보면 파랗게 변하기 때문에 이것을 막기 위해 북주기를 하는 거예요. 1차 때는 두둑의 흙을 반만 감자 위에 더해 주고, 2차 때 나머지 흙을 감자 위로 끌어올려 두둑을 만들어줘요. 북주기를 하면 뿌리 호흡이 좋아지고 감자알이 자리 잡는 데 도움이 된답니다.

❷ 감자에 씨눈이 많으면 줄기가 여러 개 올라옵니다. 이럴 때는 줄기를 2~3개만 남기고 나머지는 잘라주는 게 방법이에요. 감자 줄기가 많으면 감자알이 잘아지거든요.

❸ 감자를 굵게 기르는 또 한 가지 방법은 꽃을 따주는 일이에요. 5월, 꽃이 피기 시작하면 꽃망울이 맺혀 있는 줄기를 따버리는 거죠. 그때 건강한 꽃 한두 개만 남기고 따주면 영양분이 한데 모여 감자알이 굵어져요.

멀칭 벗겨내고 감자의 자태를 볼까요?

하지 감자라고 들어보셨죠? 절기 중 하지가 되면 감자를 수확하기 때문에 하지 감자라고 해요. 보통 그 시기 전후로 감자를 캐기 시작하여 적어도 장마 소식이 들려올 쯤에는 모든 수확을 마쳐요. 저는 해마다 7월초에 감자를 수확했어요. 비 온 후 수확하면 말리기도 번잡하고 썩는 것도 많아서 서둘러야 하거든요. 가급적 맑은 날 수확해서 그늘에 3일 정도 말린 후 보관하는 것이 좋습니다.

❶ 감자 수확 철이 되어 알이 꽉 차면 줄기가 쓰러지고 누렇게 변하는데, 바로 이때가 적절한 수확 시기랍니다.

❷ 멀칭을 벗겨내는 일은 남자들의 몫. 물론 아직은 땅속에 숨어 있는 감자의 자태를 확인할 수 없어요.

❸ 줄기에 열리는 감자. 흙을 살살 뒤지면 굵은 감자들이 등장해요. 어느 정도 캤다 싶어도 샅샅이 뒤지면 깊숙하게 박혀 있는 감자들이 발견되니 일찍 포기하지 마세요.

❹ 어! 여기도 있다~ 우와! 여기도 있고! 감동의 쓰나미! 정성스럽게 손으로 살살, 흙을 털어냅니다.

❺ 줄기에서 분리해 낸 감자들은 우선 흙 위에 한데 모읍니다. 이것들이 마치 금덩어리 같은 건 왜일까요?

❻ 작은 것은 조려 먹고, 큰 것들은 삶아 먹고… 그래도 남는 것은 갈무리해 저장하는 걸로!

주렁주렁, 감자 줄기 올리는 날

2012년 산(産), 조림용 감자 양을 소개합니다

같은 밭에 심은 뒤 자식 돌보듯, 허튼 맘 없이 똑같은 사랑을 주며 길러도 작물마다 결과가 달라요. 일반 살림처럼 데이터만 가지고는 꾸릴 수 없는 것이 흙 살림이라는 걸 한 해, 한 해 느끼고 있죠. 사람이 아니라 자연이 하는 일이기 때문일 거라 생각합니다.

2011년에 첫 감자를 수확한 후 나름 경험도 있고 하여 이번에는 토실토실한 감자를 기대했는데, 생각보다 알이 작았어요. 북주기에 소홀한 것도 원인일 수 있고, 꽃대를 제대로 다듬지 못했는지도 생각해 보고, 아니면 씨감자가 부실했나 하면서 머리 굴려 보았습니다. 하지만 크기는 중요하지 않아요. 그 여린 모종이 이렇게 단단한 열매를 맺었으니 이것만으로도 충분히 감사할 일이죠. 자잘한 녀석들이 이렇게나 많으니 조려도 먹고, 밥에도 놔먹어야겠어요.

2013년 산(産), 알 굵은 감자 군 만나보세요

지난해에는 작황이 일정하지 않아서 좀
더 신경을 썼어요. 덕분일까요? 올해는
알이 굵은 것은 물론 수확량도 크게 늘
었습니다. 이 녀석들이 저의 부산한 발
자국 소리를 다 듣고 있었던 모양입니
다. 생각해 보니 특별한 것보다 물 흐르
는 대로 성실한 것이 가장 중요한 것 같
아요. 꽃 피면 꽃 따고, 지쳐 보이면 물
듬뿍 주고, 볕이 닿을까 싶으면 덮어주
고… 이런 과정들이 3년쯤 되고 보니 자
연스럽게 이어지더군요.

처음에는 책 보고, 공부해 가며 날짜 또
박또박 맞춰서 해내려고 발 동동 굴렀는
데 차츰 자연의 순리를 따라가게 되었네
요. 어쨌든 감자로 지인들에게 인심도
한껏 베풀고, 된장찌개에도 원 없이 넣
어 먹었습니다.

장마에 대처하는 텃밭지기의 자세

텃밭지기들의 시험이요, 커트라인이라고 할
수 있는 계절이 돌아왔어요. 바로 장마철입니
다. 흙 살림 시작하기 전, 익히 듣기는 했으나
막상 장마를 겪고 나니 온몸으로 팍팍 실감할
수 있었어요. 시험 기간이라는 말이 왜 생겼는
지 알게 된 거죠.

커트라인이라는 말이 나온 건 이 시기를 지나
면 자취를 감추는 텃밭지기가 있는가 하면, 이
시기를 극복하고 오히려 후반기 농사에 큰 힘
을 얻는 이들도 있기 때문이죠. 저요? 물론 시
험에 무사히 통과했죠.

비 소식이 들리자 마자 밭으로 뛰쳐나가 이랑
과 이랑 사이를 뛰어다녔거든요. 잠시 비 멈
춘 틈에도 빛의 속도로 달려 나가 작물들을 돌
봤어요. 아무리 애써도 큰비 오고 난 후 초토
화된 텃밭이란 가슴 아프기 짝이 없지만, 미리
준비하고 챙기면 큰 피해를 어느 정도는 줄일
수 있으니까요.

억수같이 퍼붓는 비를 핑계로 배수
로를 막아버리기 십상인 이놈, 잡초
들을 뽑아줘야 해요.

고춧잎 지주가 단단히 묶여 있는지
확인해야 합니다.

텃밭 옆 개울이 범람 직전입니다. 흙 살림을 하기 전에는
이런 날, 그저 집 안에 이불 쓰고 앉아서 비 그치기만을 기
다렸는데, 이제는 밭에 두고 온 녀석들 걱정이 앞서네요.

볕이 부족하고, 물도 빠지지 않고, 습도가 높아져서 숨 쉬
기 어려운 작물들의 모습이에요. 미리미리 녀석들의 숨통
을 틔워주고, 물길을 내주는 것만이 살 길이에요.

병충해에 약한 고추. 빗물에 흙이 튀어 병충해가 생기는 것을 방지하기 위해 고춧잎을 따줘요.

수확을 기다리는 작물이 있다면 서두르세요. 잎채소 수확하고, 가지도 따고… 바쁘다 바빠!

방울토마토의 지주는 튼튼할까요? 이래서 지주를 땅속 깊이 박아야 해요.

지주를 점검 중인 나의 남편. 태풍이 잠시 소강될 무렵에는 재빨리 텃밭을 둘러보는 것이 좋아요.

쓰러진 작물이 있다면 지주를 다시 한 번 점검하고, 더 깊이깊이 눌러 박아야 해요.

할까 말까 하면서 자꾸만
망설여지는 일이 있다니까요.
하면 좋은 것은 알겠는데

몸이 영 귀찮아서요.

8월의 텃밭이 자꾸 징징거리면서
빨리 오라고 아우성입니다.

김장 김치를 위한 채소들,
고것들을 심어야 할 무렵이거든요.

더운데 어떡하나,
땀방울이 빗방울 될 때까지
심어야 하나… 하!

심으러 갑니다.
배추, 무, 돌산갓, 당근.
겨울 초입 만나게 될
착한 아이들을!

8월

흙 살림의 하이라이트!
가을 작물 파종하고,
김장 농사용 모종 심기 출동

행복이란 공짜로 오는 게 아니었어요.
마음 다 주고, 꾀부리지 않은 채 몸을 써야
비로소 행복이란 게 찾아와주는 거였어요.
저는요. 흙 살림을 하면서 사람이 된 것 같아요.
이 세상에 거저 얻는 행복이란 없다는 것,
그 소박한 진실을 알아갑니다.

그 여름 어느 날인가는 그랬습니다.
잠시 쉬어도 좋다고 생각했어요.
한낮은 몸 쓰기에 여전히 뜨겁고,
이미 선물 같은 작물들도 넘치게 얻었으니까요.
그러니 나 좀 쉬어도 되지 않나, 그랬죠.
그런데 참, 이상하죠?
세상 이치 배워서 착해진 제 몸이 저절로 움직이네요.
게다가 아침저녁으로 습도 낮은 바람이 살살 부는 데야….
결국 오늘도 저는 밭을 향해 나갑니다.
절기 바뀌어 아침저녁으로 온도 차가 달라질 때,
바로 지금이 가을 작물을 준비할 시기이거든요.
곧 당도할 테니까요.
추위가, 김장 김치 먹어야 할 때가,
그리고 너무 추운 인생에 눌려 가만히 숨고 싶어질 때가.
그때를 대비해야 마음 곯지 않고 살 수 있거든요.

처음부터 다시,
가을 농사 위한 밭 갈기

김치를 직접 담가 먹지 않고, 시어머니와 공생(?) 또는 시어머니께 기생(?)하는 저였어요. 그러다가 흙 살림을 계기로 김장의 세계에 발을 들여놓아 볼까, 하는 청운의 뜻을 품게 되었지요. 사실 이맘때의 텃밭 상황이란 그야말로 처참하거든요.

지난봄, 그림 같았던 풍경은 간데없이 사라지고, 귀곡 산장 같은 분위기랄까? 그러니까 일단 밭 정리부터 하고 갈게요. 화려한 컬러와 수려한 잎사귀를 자랑하는 당근에다 차고 넘치는 시금치 그리고 흙 살림의 꽃인 김장 농사도 포기할 수 없으니까요.

파이팅을 외치며 텃밭에 나가 보니 걱정과는 달리 올봄의 활기찼던 텃밭 풍경이 다시금 재현되고 있었어요. 트랙터로 텃밭지기들의 밭을 갈아주고 계신 농장주님! 트랙터가 지나간 자리마다 카스텔라처럼 포슬포슬한 흙이 남아 절로 농심이 솟아나더군요.

8월 중순에서 말 사이, 배추 모종을 심고 파종할 계획이므로 그 시기를 기준으로 20일 전부터 조금씩 준비를 시작해야 해요.

❶ **잡초 뽑기** 더운 날씨에 쌈 채소를 비롯한 잎채소는 수명을 거의 다했고, 감자도 캤으니 그 자리는 어쩐다? 집을 짓나? 두꺼비집? 걱정 마세요. 이미 잡초들이 잔치를 벌이고 있을 테니까요. 그나마 감자 캐낸 자리에 풀을 두둑하게 덮어두었더니 잡초들이 덜 자랐어요. 다시 한 번 말하지만 잡초와의 전쟁이 고비입니다. 10분만 지나도 땀이 비 오듯 하는 8월, 한꺼번에 하려면 쓰러질 수도 있으니 감자 수확 후 짬짬이 해두는 게 좋겠어요.

❷ **밭 만들기** 깐죽대는 잡초들을 정리하고 나니 이제야 겨우 숨어 있던 흙이 보이기 시작합니다. 그럼 얼른 김장 채소들을 심어야죠. 배추는 심기 2주 전에 거름을 줘야 합니다. 그리고 장마에 유실된 이랑을 정리해 아무 일도 없었던 듯 각 맞추기를 해야죠.
참! 그전에 땅을 갈아엎어 주는 일도 빼놓을 수 없어요. 봄 농사와 똑같지요? 계절에 따라 작물의 종류만 달라질 뿐 과정은 거의 비슷합니다. 그러니 한두 해만 반복하다 보면 프로 농부가 되는 거, 시간문제입니다.

❸ **김장 및 가을 작물 종류** 김장 작물은 배추, 김장무, 시래기무, 알타리무, 백자무, 돌산갓을 준비해요. 김장과는 상관없이 가을 내내 먹을 수 있는 작물은 시금치, 당근, 아욱, 쪽파 등이 대표 선수라고 할 수 있죠. 참! 이 아이들 중 배추만 모종을 심고, 나머지는 씨를 뿌려 키운답니다.

늦더위 속, 김장 채소 터 잡기

가을 작물의 첫 주자, 배추 모종 심는 날

읍내 종묘상에서 배추 모종 반판을 구입했어요. 모종 수는 20개입니다.
제 경우는 배추 중에서도 CR배추 품종을 선택했어요. 몇 가지 품종이 더
있기는 하지만, 뿌리혹병과 병충해에 강한 것이 CR배추라 하니 듬직해
서요. 3년 연속 같은 품종을 심었는데, 첫해에는 물을 아껴서 줬더니만
크기가 조금 자잘한 편이었죠. 이듬해에는 배추 밭에 풍년이 들었고, 그
다음 해에는 수확을 다소 게을리 했더니 배추벌레들이 잔치를 벌였더군
요. 그래도 애써 지은 농사의 결과라서 열심히 먹어주었죠. 배추 상태가
어땠는지 궁금하시죠? 벌레 똥 털어내기 위해 씻고 다듬느라 손이 다 부
르텄죠. 뭐. 그래도 속이 꽉 차고 맛은 썩 달았답니다.

멀칭하기 10여 일 전에 만들어두었던 두둑 가운데 고랑입니다. 이렇게 물길을 내주어야 배추가 목마르지 않고 씩씩하게 잘 자랄 수 있어요.

흙 몇 삽 덮어서 비닐이 펄럭이지 않게 한 다음, 멀칭을 완성합니다. 비닐 아래쪽의 물길을 방해하면 안 되니까 너무 팽팽하게 잡아당기지 마세요.

173

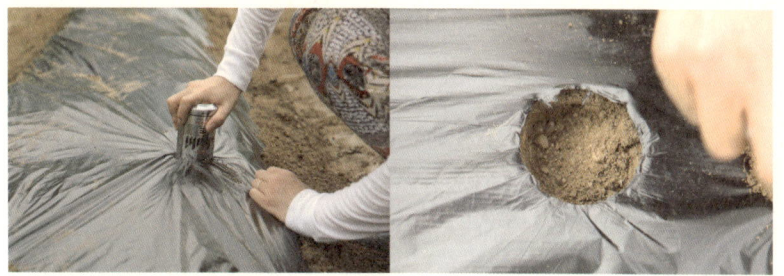

모종 심을 자리 마련하기. 작은 페트병이나 맥주 캔을 재활용해서 40~45㎝ 간격을 두고 구멍을 냅니다. 지그시 돌리면서 누르고, 흙은 물고랑에 탈탈 털어 둡니다.

두둑 가운데 움푹 파놓은 물길 자리에 구멍을 뚫어요. 배추는 물을 매우 좋아해서 물 주기를 게을리 하지 말아야 하거든요. 가운데 움푹 물길을 내놓고, 멀칭을 한 뒤에 물구멍을 뚫어주면 배추가 두 팔 벌려 자란 뒤에도 물주기가 참 쉬워요.

모종을 심기 전 물 주기. 흙 깊숙이 수분이 유지되기 때문에 모종을 심고 나서 겉물을 주는 것보다 훨씬 더 효과적입니다.

모종 심기. 모종은 넉넉히 구입했으니 그중 흰 뿌리가 많이 성장한 녀석으로 골라 심어요. 벌레의 공격도 막고, 비닐이 펄럭거려 수분이 날아가지 않도록 주변까지 꼼꼼하게 흙을 덮어줍니다.

배추 모종 심기와 가을 작물 파종을 마친 텃밭 풍경이랍니다.

각종 무, 돌산갓, 당근, 시금치… 씨뿌리기

174

장갑 매무새 고치고, 각종 가을 작물 씨뿌리기 시작. 작년에 파종하고 남은 씨앗들을 냉장 보관해 두었다가 다시 꺼냈습니다. 아직 잘 있네요.

김장 속으로도 쓰고, 따로 김치를 만들어도 좋은 돌산갓. 잎이 넓게 자라는 것을 고려해 한 뼘 이상 간격을 두고 골을 파가면서 줄뿌림해요.

지난봄 기대주였지만 한 차례 실패했으니 더 미안하고 마음 쓰이는 시금치. 이번에 다시 도전했습니다. 시금치 역시 줄뿌림으로!

배추 모종 옆으로 김장무, 시래기무, 알타리무… 무 3종 세트를 파종해요. 올해엔 김장으로 알타리무 담그기에도 도전해 볼 계획을 세웠지요.

한 해는 멀칭 없이 줄뿌림하고, 한 해는 멀칭 후 점뿌림했는데, 역시 멀칭 하는 게 속기도 편하고, 성장도 좋았어요.

솔솔 씨 뿌리고, 토닥토닥 흙을 덮은 후 물 뿌리기 3단계까지 모두 종료! 어언 4시간이 훌쩍 지나갔네요. 하지만 늦더위 속 생고생이 두어 달 후 이루 말할 수 없는 기쁨으로 보답해요.

심을 때는 싹이 나면 다 기억할 것 같지만, 한 주만 지나도 기억이 가물가물해요. 너, 누구니? 하면서 말 못하는 애들한테 묻고 그러죠. 이래서 이름표를 붙여야 합니다. 시금치, 당근, 무 등등 이름표를 꽂아야만 각 작물의 성질에 맞게 기를 수 있기도 하지요. 네, 맞아요. 자식 키우기와 똑같아요.

싹 올라온 가을 텃밭으로 출동

배추 정식하고, 각종 씨뿌리기를 마친 후 2~3주 정도 지나면 이제 텃밭으로 출동해야 할 시기입니다. 그사이, 비가 오지 않았다면 한 번쯤 촉촉하게 물을 주러 다녀오는 것도 잊지 말아야 해요. 이제 아침저녁으로 제법 선선한 바람도 불어오기 시작했으니 녀석들이 제대로 자리 잡았는지 기대를 잔뜩 품고 텃밭으로 달려갑니다.

역시나 녀석들은 기대를 저버리지 않는군요. 각종 씨앗들은 줄 맞춰 빼곡하게 싹을 내밀었고, 심을 때영 시들거리던 배추 모종도 쌩쌩하게 자리를 잡았어요. 이제 한 달 정도 지나면 배추가 꽃처럼 피어날 테지요. 배추는 지가 꽃인 줄 아나 봐요. 그렇게 도도하게 활짝, 그렇게 의기양양할 수가 없거든요.

상반기 농사가 '설렘'이라면 하반기 농사는 '기대'예요. 이미 수확의 기쁨을 맛보았고, 작물들에게 감사의 마음도 갖게 되고, 어떤 결과가 제게 올지 어느 정도는 알기 때문에 자꾸 바라고 기대하게 되거든요. 게다가 배추 머리를 묶어야 하는 시기의 텃밭 풍경은 장관이에요. 이 시기에는 대부분의 텃밭지기들이 하반기 김장 농사를 짓기 때문에 밭마다 풍경이 비슷하죠.

비어 있던 밭에 무와 배추, 갓, 파 등이 일정하게 자라서 수십 평 너른 밭이 빼곡하게 채워지는 걸요. 씨앗 하나로 시작했던 무가 팔뚝만 하게 익어가고, 속이 노란 배추가 튼실하게 자라는 것은 1년 농사의 하이라이트라고 할 수 있답니다.

갓은 파종 2~3주 후 싹이 올라오기 시작하면 조금씩 솎기 시작해요. 통풍이 잘 될 수 있도록 간격을 고려하며 솎는다, 생각하면 쉬워요. 작물이 살짝 닿을 정도의 간격을 두고 중간에 끼어 있는 작물을 솎는 거죠. 잎채소 봄 파종 때와 마찬가지로 포기 사이가 30~40㎝가 될 때까지 솎음 수확해요. 솎은 갓의 순이 무순처럼 쌉싸래한 맛을 내기 때문에 어린잎 채소로 먹기에도 딱 좋습니다.

가을 작물이 풍성하게 자라기 위한 키워드는 물 주기라는 것을 잊지 마세요. 배추는 물론 무, 갓 모두 싹이 난 후 어느 정도 성장하기까지 한 달 동안 많은 물을 필요로 하죠. 물 주기에 성패가 달려 있다고 해도 과언이 아닙니다. 참! 물만 넉넉하게 주면 되는 것은 아닙니다. 배수에도 문제가 없으려면 이랑 관리가 잘 되어야 하므로 이랑도 수시로 살펴주세요.

177

시금치는 파종 후 2주 정도 지나면 떡잎이 올라오고, 20일이 지나면 본잎이 3~4장 정도로 자라요. 통풍을 고려해 본잎이 6~7장 되었을 때부터 큰 잎을 수확해요. 이때 포기 사이의 간격은 3~5㎝를 유지하고, 점점 자라는 동안 20㎝ 간격을 유지해요.

김장무는 솎을 때 요령이 필요해요. 한 구멍에 무 열매 하나씩, 이렇게 수확한다는 것을 기억해 두세요. 무는 싹이 나면 솎음 수확하죠. 마지막 한 잎이 누구로 정해질지 모르니 한꺼번에 많이 솎지는 않아요. 본잎이 나오기 시작하면 3잎 정도 남기고, 마지막에 본잎이 5~7장 정도 되면 한 포기를 남깁니다. 김장무, 알타리무 모두 같은 방법으로 솎아주세요.

배추 모종이 자리를 잡고 난 뒤에는 매주 물 주기에 많은 정성을 들여야 해요. 보통 정식한 후 한 달이 지나면 배추 모종 하나가 2L에 가까운 물을 먹거든요. 배추는 정말이지 물 먹는 하마라니까요.

가을 작물의 기대주인 당근은 솎아내기가 중요해요. 3차례에 걸쳐 솎는데, 처음은 본잎이 2~3장 올라왔을 때 포기 사이를 4~5㎝ 이상 유지하고, 두 번째는 본잎이 4~5장일 때 7~10㎝ 이상 유지하고, 세 번째는 본잎이 6~7장일 때 12㎝ 이상 유지하면서 솎아줍니다.

여름인 듯도, 가을인 듯도…
계절이 하수상하니
마음이 자꾸 집을 나갑니다.

텃밭이 생긴다는 것은
말벗이 생긴다는 것.
갈 곳이 생긴다는 것.
기다려주는 이가 생긴다는 것.

9월

볕과 바람이 좋은 계절
폭풍 성장 중인 가을 작물들,
솎음 수확하러 갑니다

연애하기 딱 좋은 9월 어느 날,

저를 만나시려거든
그 밭으로 오시면 됩니다.

파김치가 좋아… 쪽파도 심어야지!

비닐봉지에 한가득 담긴 씨 쪽파. 감자를 캐낸 자리, 그러니까 김장 작물 옆에 당당히 한자리 차지하게 한 뒤 하반기 농사의 빛을 발하게 해야죠.

밭에 간격 20cm, 깊이 5cm가 되도록 씨 쪽파 심을 자리를 만들어요. 호미를 사용해서 하세요. 흙 살림에도 저마다의 과정에 필요한 도구가 따로 있는 법이죠.

쪽파 심기에 적당한 시기가 바로 후반기 농사를 지을 때입니다. 농사 공부를 하다 보니 쪽파는 다른 채소에 비해 파종 시기가 제한적이라고 하네요. 이 아이는 서늘한 기후를 좋아한대요. 보기와 다르게 나름 까다롭다 싶었어요. 처음에는 쪽파도 씨를 뿌리나? 했는데 알고 보니 마늘처럼 생긴 씨 쪽파를 심어야 하더군요.

저는 곧바로 재래시장으로 갔습니다. 동네 5일장에서 씨 쪽파를 본 기억이 났거든요. 물론 종묘상에서

도 구할 수 있어요. 그런데 시장에 씨 쪽파를 들고 나오시는 할머니들의 인심이 아주 후하거든요. 한 바가지 주고, 덤으로 또 주고…

쪽파에 대한 말이 길죠? 왜냐하면 저희 부부는 파김치를 정말 좋아하거든요. 하하하! 책에도, 밭에도, 자기 좋아하는 것만 편애해서 담는군요. 죄송하게 됐습니다. 한창 물 오른 쪽파 수확해서 풀물 쑤어 파김치 한번 푸짐하게 담가볼 참입니다. 흙 살림 덕에 〈도전 요리 1000개〉라는 미션을 펼치게 생겼네요.

제 옷차림만으로도 정말 가을이구나, 하셨다고요? 아니에요. 때 아닌 초가을 볕이 하도 따가워서 긴소매를 입은 거예요. 아직은 날씨가 여전히 덥다니까요.

파놓은 골에다 싹 나는 부분이 위로 올라오도록 심습니다. 보통 10㎝ 기준으로 얹죠. 그다음 흙을 살짝 덮죠. 실한 녀석은 1개, 자잘한 녀석들은 2~3개 붙여서 심는 게 좋습니다. 자, 이제 일주일 안에 싹이 날 거예요.

띵굴 마늘ㄴ
웜

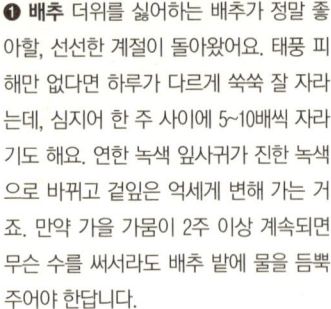

❶ **배추** 더위를 싫어하는 배추가 정말 좋아할, 선선한 계절이 돌아왔어요. 태풍 피해만 없다면 하루가 다르게 쑥쑥 잘 자라는데, 심지어 한 주 사이에 5~10배씩 자라기도 해요. 연한 녹색 잎사귀가 진한 녹색으로 바뀌고 겉잎은 억세게 변해 가는 거죠. 만약 가을 가뭄이 2주 이상 계속되면 무슨 수를 써서라도 배추 밭에 물을 듬뿍 주어야 한답니다.

무르익어 가는 가을 작물 돌보기

철마다 싱그러운 제철 채소들을 밭에서 식탁까지 직접 옮겨놓으면 살아가는 데 이상한 기쁨을 줍니다. 가족을 위해서 뭔가 아주 대단한 일을 해내고 있다는 위안이 되죠. 게다가 맛은 또 얼마나 기막힌지요. 나쁜 비료 주지 않고 사랑까지 먹여 키웠으니 얼마나 꿀맛이겠어요.
이제 채소 키우기의 절정이라고 할 수 있는 김장 주인공들을 심었으니 오차 없이 착착 키울 차례입니다. 이 작은 밭 하나가 식비를 정말 줄여주네요. 덕분에 늘 시어머니께 신세만 지던 김치 담그기가 제 즐거움이 되어버렸답니다.

❷ **알타리무 · 김장무** 무 싹과 동시에 자라는 잡초를 예의 주시해야 해요. 파종 후 3주 정도 지났을 때, 무밭의 풀들을 정리해 주면 무의 성장이 한층 원활해집니다. 무도 배추와 마찬가지로 가뭄이 2주 이상 계속되면 따로 물을 줘야 해요. 무가 어느 정도 자라 잎이 무성해지면 아래쪽의 잎줄기를 따서 시래기로 쓰면 좋아요. 단, 잎줄기를 한꺼번에 너무 많이 따면 뿌리가 부실해질 수 있으므로 한 포기에 2~3개 정도만 따는 것이 좋아요. 알타리무는 파종 후 50~70일 정도 지나면 뿌리 길이가 10~15cm 정도로 자랍니다. 성장이 비교적 빨리 이루어지므로 약간 어리다 싶을 때 수확하세요. 4~5주가 지나면 솎아서 수확할 수 있어요. 김장무와 마찬가지로 잡초 관리를 함께 해주는 것도 잊지 마세요.

❸ **쪽파** 씨 쪽파를 심은 후 5일쯤 지나면 싹이 나기 시작해요. 흙을 뚫고 어찌나 위풍당당하게 솟아오르는지 기특하기까지 하죠. 쪽파는 거짓말 조금 보태서 심고 돌아서면 수확이 가능해요. 여린 잎은 2주 후에도 수확이 가능해서 양념장 같은 걸 만들 때 넣어 먹어요. 파김치를 해 먹으려면 씨 쪽파 심은 후 두 달 정도 지나 김장 채소 수확 전쯤이 적당해요. 쪽파 사이로 난 풀들도 관리 대상이니 틈날 때마다 꼼꼼히 제거해 주세요. 잡초의 키가 다 자라도록 방치하면 나중에 그 녀석들 뽑아내는 일이 더 힘들거든요.

비주얼 최고! 나의 사랑, 당근

가을부터 봄까지 쭉 먹을 수 있는 신선한 당근을 기대하시라! 잎 모양과 뿌리, 컬러까지 화려하기 짝이 없는 작물이 당근이죠. 싹 틔우기가 어렵다지만 길러서 내다 팔 것도 아니니 주저할 이유가 없죠. 오렌지, 옐로, 퍼플 그 컬러도 아름다운 당근 3종 세트에 도전해 보세요. 싹이 날 때는 잎이 예쁘고, 일단 싹 틔우기만 성공하면 그다음에는 기르기에 전혀 부담이 없답니다. 지난 8월 밭에 직파했는데 싹 틔우기가 어렵다더니 역시나 발아율이 좋지 않았어요. 그래도 마치 캐모마일처럼 가느다란 잎이 흙을 뚫고 올라오더니 하루가 다르게 쑥쑥 자라네요.

여기에서 당근 기르기에 관해 정리 한번 하고 가실게요. 당근은 밭 정리를 마친 후 다른 가을 작물 보다 먼저 7월 말에 줄뿌리기로 파종해요. 발아율이 높지 않으니 씨앗에 인색하지 마세요. 그리고 당근

싹이 올라오면 솎기에 열중하세요. 다른 가을 작물들을 솎으면서 함께 솎아주면 되니까 크게 신경 쓸 일은 없는 편이죠.

당근을 기르는 동안 주의할 점 한 가지 더! 뿌리가 굵어지면서 무처럼 뿌리 윗부분이 흙 위로 올라오면 북주기를 하세요. 북주기란 뿌리가 볕에 노출되지 않도록 흙을 덮어주는 거잖아요. 수확할 때까지 여러 차례 덮어주기를 반복해야 해요. 그래야 빛깔 좋고, 튼실한 당근을 수확할 수 있답니다.

오늘의 흙 살림은 당근 솎기. 파종 후 한 달이 꽉 차면 이제 가늘고 여린 뿌리가 어느 정도 생겼을 때죠. 이 무렵에는 당근을 솎아 피클 담그기에 좋아요. 보통 당근의 여린 뿌리는 식재료로 활용하기에는 역부족인데, 생으로 먹거나 피클을 담가두면 사계절 아주 유용하게 쓸 수 있답니다.

이다음에 딸아이가 생기면

제일 먼저 머리 묶어줘야지, 했었거든요.

이다음에 아들이 생기면

흙 밭에 뒹굴고 온 온몸을
싹싹 비누질해 닦아줘야지, 했었죠.

10월
날이 선선하니 밭일이 줄어드네
배추 머리 묶어주고, 갓과 시금치도 따야지

엄마가 된다는 건 힘든 일인가 봅니다.

엄마가 된다는 건 공부가 필요한 일이라
아직 공부 좀 더하라고

하늘이 저를 길들이고 있는 모양입니다.

배추 머리 묶어주러 텃밭으로 가면서
그래, 니가 내 딸이다 합니다.

김장용 배추가 폭풍 성장하며 수확을 기다릴 무렵, 이제 갓
도 수확을 할 만큼은 자랍니다. 파종 후 4주가량 지나면 제
법 커서, 건강한 녀석들은 20㎝ 정도까지 자라기도 하거든
요. 파종한 지 5주 정도 지나면 솎음 수확이 가능한데 미리
수확하면 한결 보들보들한 갓김치를 담글 수 있어요.

갓은 파종 후 밭에 들를 때마다 잡초를 뽑아준 게 전부인데
어느 10월, 밭에 나갔더니 벌레 먹은 것 하나 없이 실하게
자랐더군요. 고맙지 뭐예요. 이런 게 바로 흙 살림의 묘미
다, 싶었죠. 갓김치도 직접 담가볼 생각인지라 수확과 동시
에 다듬기에 들어갑니다. 지참한 과도로 뿌리와 시든 잎을
다듬어 놓으면 나중에 김치 담글 때 무척 수월하거든요.

그 옆 알타리무 밭을 보니 역시 감동의 쓰나미가 몰려옵니
다. 밑동이 둥글 넙적한 알타리무가 쑥쑥 자라고 있었으니
까요. 밭에 자리가 조금 남는다 싶기에 큰 기대 없이 홀홀
뿌려두었던 건데… 괜히 덤 취급을 했나 싶어서 미안해지는
군요. 다음 주에는 알타리무를 돌봐주어야 하겠군요. 갓, 시
금치, 알타리무의 수확을 마치면 곧 김장무와 배추까지 수
확하게 될 테니 한 해 텃밭 농사의 끝이 보이는군요.

야들야들 부드러운 맛, 돌산갓 수확

얼지 말라고, 배추 머리 묶어주기

10월 말쯤 되면 일부 지역에는 서리가 내리고, 서서히 추워지면서 지역에 따라 영하로 떨어지기도 하죠. 배추가 아무리 추위에 강하다지만 아침저녁으로 찬바람 불기 시작하면 별도 관리가 필요해요. 10월부터는 배추와 무가 추위를 겪으면서 월동 준비를 시작하는 시기이거든요. 얼어 죽지 않으려고 몸에서 수분을 빼고, 당을 축적하는 때이기도 하지요. 추워지기 전에 배추를 꽁꽁 묶어주면 갑자기 기온이 내려가도 겉잎이 감싸주는 역할을 해서 배추가 얼지 않아요. 비주얼을 중요하게 생각하는 터라, 얇은 노끈을 활용했더니 선배 텃밭지기들이 야단을 치네요. 잎이 파손될 수 있으니 널찍하고 부드러운 끈으로 묶어줘야 한다는 거죠. 멋 내는 거 좋아하다가 배추 농사 망치면 안 되니까 배워 두세요.

실패했던 시금치, 가을 작물로 우뚝!

어느 해 봄인가 파종을 하고는 재미를 보지 못했던 작물 중 하나인 시금치. 재미를 못 본 정도가 아니라, 아예 한 뿌리도 수확하지 못했거든요. 공부한 대로 하나하나 따라서 실천했는데도 마음대로 안 되던 걸요. 흙 상태나 자연 환경을 내 마음대로 할 수 없었던 거죠, 뭐. 작물을 키우다 보면 이렇게, 의외의 것을 배우고 깨닫게 되지요. 실패도 과정이다, 이 모든 것이 다 추억이 될 거다, 하면서 겸허하게 받아들였어요. 그러고 도전 또 도전했습니다. 시금치 외에도 몇몇 작물이 시원치 않았던 봄 농사, 그중에도 시금치에 대해서는 유난히 오기가 발동하더군요. 그래서 가을 초입에 또다시 파종을 시도했습니다. 봄에 뿌린 것과 똑같은 씨앗을 파종했는데… 어머머! 이번에는 신기하게도 잘 자라주었습니다. 농사도 인생 같아서 어떻게 될지, 어떻게 풀려갈지, 정말 알 수가 없습니다. 어쨌든 매우 기쁜 마음으로 파릇파릇한 시금치를 수확하는 날이 왔습니다. 그동안 계속 올라오는 겉잎만 따서 적지 않게 된장국으로 끓여 먹고는 했는데 이즈음에 수확하는 아이들은 제법 든든해서 뿌리째, 포기로 수확했어요. 아직 덜 자란 시금치는 조금 더 두었다가 배추와 무를 수확할 때 마무리 짓자, 하고는 돌아섭니다.

날이 선득하고 등골이 오싹한 게 감기가 오려나. 흙 살림을 한답시고 1년 내 뛰어다녔으니 무리도 아니겠지요. 조금만, 조금만 더! 이제 다음 달 김장거리들 수확만 끝내면 다 되니까 좀 더 힘을 내야겠어요.

11월

배추, 무, 당근 수확…

한 해 흙 살림 마무리하는 날

이날을 꼭 기억해야지

귀찮다고 꾀를 냈으면 어쩔 뻔했나.
땀난다고 안 심었으면 큰일 날 뻔했지.
심은 지 얼마나 됐다고

벌써 주렁주렁 열매 거둔 무와 당근.

머리 풀어헤치고 자란 배추.
쌉싸래한 돌산갓도 푸짐하게 한 바구니.

한여름 텃밭에서
비질비질 비지땀 흘린 덕분에
겨울 식탁이 풍성해지게 생겼습니다.

몸을 써서 일궈낸 결과가
이렇게 단단하고 야무질 때는
나, 잘 살고 있구나 싶습니다.

텃밭에서 한 수, 인생 한 수 배우고 갑니다.

한 해 흙 살림을 마무리하는 겸허한 시간

늦더위가 기승을 부리던 8월, 굵은 땀방울을 흘려가며 모종을 심었더랬죠. 그리고는 하루가 다르게 자라는 배추를 보면서 흐뭇한 9월을 보냈어요. 남편과 제 수다거리에 배추는 언제나 단골손님이었지요. 배추 머리 묶어주는 날에는 마치 시집보내는 딸내미 단장시키는 엄마가 된 것처럼 들떠서 예쁘다, 예뻐! 칭찬을 아끼지 않았으니까요.

본격적인 추위가 시작된 11월 중순 어느 주말, 한 해 흙 살림의 종지부를 찍었어요. 하반기 농사를 지으면서 주말이면 때 아닌 여유를 부리며 게으름을 피우다가 배추밭으로 출동! 더위에도 끄떡없었던 것처럼, 영하의 추위에도 아랑곳하지 않고 불끈 힘이 솟는군요. 보기보다 꽤 무게가 나가는 배추에 놀라움을 금치 못하며 뽑은 뒤 옆 이랑에다 착착 눕혀 놓았습니다. 결실이 쌓여간다는 것은 참 행복한 일이구나, 하면서요.

큰 기대 없이 심었던 무도 역시 매력 덩어리입니다. 뿌리채소인 감자, 각종 무와 당근은 내내 땅속에 숨어 있다가 짜잔, 하고 감동을 주거든요. 뿌리도 실하고 해서 잎을 먹을 요량으로 심은 시래기무. 어떻

게 된 건지 공들여 키웠던 김장무보다 더 알차던 걸요. 농사도 한 치 앞을 알 수가 없다니까요.

배추도 뽑고, 무도 뽑혀 텅 빈 텃밭. 그렇게 숭숭 구멍이 뚫린 텃밭이 마음을 겸허하게 합니다. 애썼어, 얘들아. 자라느라 고생했어. 내년에는 더 열심히 심어줄게…. 꿈이 영글어 수확하고 난 자리에 다시 새 꿈을 담아 봅니다. 이 장한 풍경을 가슴에 꾹꾹 눌러 담아야지, 하면서 사진 찍기에 열을 올리고 있습니다.

이번에는 배추 차례입니다. 흙의 빛깔과 참 잘 어울리는 초록빛 배추. 우선 배추 속부터 확인하세요. 배추를 수확할 때마다 식순처럼 가지는 나름의 행사입니다. 속이 노란 배추가 단단히 여문 것을 눈으로 확인하는 시간이지요.

어쩌면 이런 모습을 직접 보려고 한여름 생고생을 하면서 이 아이들을 묻었나 봐요. 그렇게 1시간여를 배추 수확에 빠져 있었습니다. 이제 돌아갈 시간이군요. 수레에 배추를 그득하게 싣고 집으로 가는 길. 한 해 동안 참 행복합니다.

빛깔도 곱지! 노란 배추 수확하기

영하의 날씨가 계속된다면 배추를 거둬야 해요. 추위에 강하지만
갑자기 영하로 떨어지는 날에는 배추가 얼기도 하거든요. 일기예
보를 관심 가지고 보다가 영하로 떨어지는 날이 있으면 그 전에
수확하는 것이 좋아요. 대개 정식 후 두 달쯤 되면 거의 다 성장하
니까, 11월 초에 배추를 수확하면 큰 무리가 없어요. 칼로 배추 뿌
리를 베듯이 잘라서 수확합니다.

특별한 요령은 없어요. 뿌리째 뽑거나 밑동을 칼로 도려내지요. 저는 힘이 좋아서 뿌리째 뽑아요.

집으로 옮기기 전 미리 밭에서 1차 정리를 하면 편해요. 시들한 겉잎은 떼어내고, 밑동을 칼로 도려내어 뿌리를 분리해요.

떼어낸 겉잎은 바로 삶아 시래기로 만들어 냉동실에 보관하거나 아니면 그늘에 말려 두었다가 나중에 시래기를 만들죠.

굵다 굵어! 팔뚝만 한 무와 향 좋은 쪽파 수확하기

배추와 무를 함께 수확하지만 무도 배추처럼 종종 얼기도 하니 부지런히 보살펴주세요. 선배 텃밭지기들은 배추보다 무를 먼저 수확한 후 무청을 분리해서 박스에 넣어 보관했다가 배추 수확 후에 김장을 담그기도 하더군요. 뭐든 배우는 것을 좋아하는 저는 다른 밭의 어른들 말씀을 아주 잘 듣거든요. 사실 저는, 3년 내내 배추와 무를 함께 수확했는데, 운이 좋았는지 한 번도 무가 얼지 않았어요. 일반적으로 배추 머리 묶는 날, 무를 미리 수확하는 것이 좋다고 권하는 텃밭지기들도 많던 걸요.

씨쪽파를 심었더니 쑥쑥 자라 파김치 해 먹기에 충분하게 자라난 쪽파. 특유의 강한 향 때문에 벌레에게 내주지 못하니 텃밭지기는 감사할 따름이죠. 한 알의 씨쪽파를 묻었는데, 한꺼번에 이렇게나 많은 싹이 돋아나니 이 경의로움은 말로 다 표현할 수가 없어요. 파김치를 담그려면 수확 시기를 잘 맞춰야 해요. 배추랑 같이 수확하면 늦은 감이 있으니 심은 후 2개월 지나면 서둘러 수확하세요. 쪽파를 수확할 때 나는 그 풍미라니! 함께 공유하고 싶어요!

뿌리채소가 다 그렇듯이 힘주어 뿌리째 고스란히 뽑는 것이 장땡이에요. 뽑은 자리에 숭숭 구멍 뚫린 게 보이시죠?

김장용으로 수확할 때는 무도 배추와 마찬가지로 밭에서 1차 정리를 합니다. 뿌리째 뽑은 무는 뿌리와 줄기가 구분되는 곳을 칼로 잘라요. 뿌리는 김장용, 위에 붙은 줄기는 시래기로 활용하죠.

쪽파를 수확할 때에도 별다른 노하우는 없어요. 흙 가까이에서 쪽파를 한 움큼씩 두 손으로 잡고 숭덩 숭덩 뽑으면 끝!

말 잘 듣는 딸 아이의 머리카락처럼 쪽파가 흙 밭에 가지런히 누웠네요. 곧 파김치가 될 것도 모르고 위풍당당이라니… 약간 미안한 맘도 드네요.

당근 수확의 즐거움은 뽑을 때마다 진동하는 알싸한 흙 냄새와 달큰한 당근 냄새죠. 하지만 최고는 당근의 비주 얼 아닐까요? 잎사귀가 예뻐서 무나 배추처럼 분리하지 않은 채 집으로 실어다가 보고 또 볼 지경이니 말 다했 죠. 아파트 단지에서 이웃들을 만나면 막 자랑도 해요. 두서너 차례 솎아서 피클도 만들고, 생으로 먹었음에도 불구하고 풍족하게 남을 만큼, 꽤 많은 양을 수확했어요. 밭으로 마실 나올 때마다 북주기를 열심히 한 덕분인지 빛깔도 매우 고왔어요. 역시나 농사는 모를 일이에요.

채소의 꽃,
자태 고운 당근 수확하기

12월

봄 지나 여름 나고, 가을 건너…
한 해 동안 고생했던 흙도
긴 잠 자면서 쉬라고 응원하기

겨울 텃밭, 그것도 마지막 달의 텃밭은
휴가입니다. 밭도 좀 쉬어야지요.

꾀부리지 않고 애썼으니까요.

어린 작물들 품고 키우느라 고생 많았으니까요.

흙도 흙이지만, 우리도 모두 고생 많았습니다.

먹고사느라, 하루하루가 좀 고단하기도 했습니다 .

하지만 매일의 수고가 쌓이고 쌓여서
내 인생을 빛나게 만들어줄 거라고 생각하면
살림도, 흙 살림도 과분하게 여겨집니다.

12월에는 밭이 쉬듯, 다 같이 좀 쉬어 가는 게 좋겠습니다.

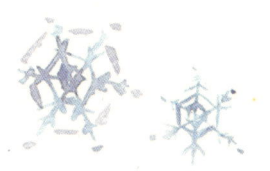

세월이 유수와 같다는 것을
흙 살림을 통해 새삼 깨닫습니다.
꽃피는 춘삼월에 밭을 갈고,
씨 뿌렸던 게 엊그제 같은데 말이지요.
지난해 흙 살림에 비해 성과가 좋은 것도 있고.
지난해보다 애썼으나 부족했던 작물도 있고.
그래도, 그렇지만요.
이 모두가 저에게는 소중한 경험이자
하나의 인생 같습니다.

1년 내내 그 밭에서 참 행복했습니다.

2

내 밭에서 내가 키웠으니 이보다 좋을 수야!

흙은 참 정직해서 뿌리는 대로 거두게 하지요.
한 톨 뿌려 놓고 두 뿌리 달라 그럴 수가 없어요.
꾀부리며 뒹굴거리고선 열매 내놓으라,
큰소리 칠 수도 없는 노릇입니다.

진실하게 씨 뿌리고
아끼지 않고 몸을 써서
땀으로 거둔 귀한 작물들.

이제 그 값진 것들을 집으로 데려다가
목욕시키고 짝지어주고 집 만들어 돌볼 차례입니다.
공들여 갈무리해서 잡아먹어야지요.

그러고 보면 사람, 참 독해요. 독해.

정성으로 키운 내 새끼, 내 작물들
하나도 썩히거나 버리지 않게
보관하는 노하우들을 담아볼까 합니다.

그것들로 무얼 만들어 먹는지? 당연히 알려드려야죠.

맛있을지, 맛없을지 잘은 모르겠습니다만
저희 집 밥상을 공개하겠습니다.
숟가락 하나만 더 얹으면 되니
시장하신 분들은 와서 한 그릇 비우고 가시지요, 뭐.

식탁 위의 텃밭,
띵굴마님 식 채소 레시피

봄에는 역시 신선한 게 최고죠.
겨우내 묵은 음식들 먹고 지냈으니 아삭아삭,
신선한 채소들로 즉석에서 차려내는 밥상이
그리워지는 거예요. 텃밭지기가 되고 나서는 봄이면
잎채소들로 이부자리 만들어 깔고 덮을 지경입니다.
어찌나 욕심을 내어 종류, 종류 심었는지
패치워크 이불도 가능하겠어요.
그 많은 걸 다 뭐 하나요. 북북 뜯어서 먹는 방법밖에 없지요.
이웃들과 나누고, 출판사에 싸들고 가고,
길 가던 사람 붙들고 가져가라 애걸복걸하고도…
그래도 차고 넘칠 만큼 많은 잎채소 아이들로
저는 이런 음식들을 해 먹는답니다.

텃밭과 베란다에서 거둔 봄채소 즐기기

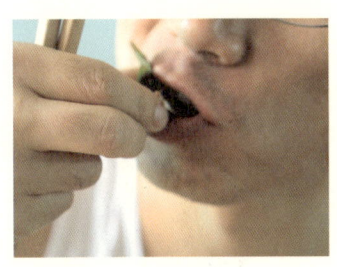  

어린잎채소 강된장비빔밥

재료 어린잎 채소 적당량씩, 달걀 2개, 들기름 약간, 밥 2공기, 강된장 양념(된장 2큰술, 우렁 100g, 표고버섯 · 청 · 홍고추 1개씩, 들기름 2작은술)

❶ 어린잎 채소는 깨끗이 씻어 물기를 빼고, 달걀은 프라이한다. 표고버섯은 밑동을 자른 후 작게 썰고, 청 · 홍고추는 송송 썬다.

❷ 뚝배기에 분량의 된장과 물을 약간 넣어 자박자박하게 잘 섞은 후 우렁과 표고버섯, 청 · 홍고추를 넣고 뚜껑을 덮어 중불에서 끓이다가 약한 불로 줄여 뭉근하게 졸인다. 불을 끄고 들기름을 넣어 섞는다.

❸ 그릇에 밥을 담고 어린잎 채소와 달걀프라이, 강된장을 올린 후 들기름을 살짝 두른다. 먹고 남은 참나물이나 곤드레나물 등을 함께 넣으면 더 맛있다.

어린아욱근대시금치 된장국

재료 어린 아욱 · 근대 · 시금치 약간씩, 굵은 파 1/3대, 쌀뜨물 5컵, 국물용 멸치 10개, 된장 1큰술, 다진 마늘 1/2큰술, 소금 약간

❶ 솎아낸 어린 아욱, 근대, 시금치는 물에 깨끗이 씻어 물기를 제거한다.
❷ 굵은 파는 어슷썰기 한다.
❸ 쌀뜨물에 국물용 멸치를 넣고 10분가량 우려낸 다음 멸치를 건지고, 된장을 풀어 끓인다.
❹ ③에 ①을 넣고 끓이다가 한소끔 끓어오르면 불을 줄여 좀 더 끓인다.
❺ ④에 어슷하게 썬 파와 다진 마늘을 넣고 부족한 간은 소금으로 맞춘다.

어린잎들깨나물

재료 어린 잎들깨 적당량, 들기름 2큰술, 국간장 · 다진 마늘 · 깨소금 1작은술씩, 소금 약간

❶ 어린 잎들깨는 깨끗이 씻어 물기를 뺀다.
❷ 달군 팬에 들기름을 두르고 어린 잎들깨와 국간장을 넣어 볶는다.
❸ 숨이 죽으면 다진 마늘을 넣고 좀 더 볶은 후 불을 끄고 깨소금을 뿌려 고루 섞는다. 부족한 간은 소금으로 맞춘다.

어린열무나물

재료 어린 열무 적당량, 천일염(굵은 소금) · 들기름 1큰술씩, 된장 1/2큰술, 다진 마늘 · 통깨 1작은술씩

❶, ❷, ❸ 팔팔 끓는 물에 분량의 천일염을 넣고 어린 열무를 넣어 살짝 데친다.

❹, ❺ 데친 열무는 찬물에 헹궈 물기를 살짝 짜고 송송 썬다.

❻ 그릇에 담고 들기름, 된장, 다진 마늘을 섞은 양념에 데친 열무를 넣어 조물조물 무친다. 상에 낼 때 통깨를 살짝 뿌린다.

어린잎채소 비빔국수

재료 어린잎 채소 적당량씩, 소면 2인분, 비빔장 양념(송송 썬 신 김치 약간, 고추장 · 식초 · 매실청 1큰술씩, 참기름 · 통깨 1작은술씩)

❶ 끓는 물에 소면을 넣고 끓어오르면 종이컵 반 컵 정도의 찬물을 붓고, 다시 끓어오르면 또 한 번 종이컵 반 컵 정도의 찬물을 부어 면이 반투명해질 때까지 삶는다.

❷ 삶아낸 소면은 재빨리 냉수(얼음물이면 더 좋다)에 바락바락 비벼 헹궈서 녹말기를 뺀다.

❸ 비빔장 재료를 잘 섞은 후 삶은 소면을 넣어 비빈다(비빔장은 하루 전날 미리 만들어 냉장 숙성해 두면 맛이 더 좋다). 비벼 놓은 국수를 그릇에 담고 어린잎채소를 듬뿍 올려 상에 낸다.

어린잎겉절이

재료 어린잎 채소(상추·쑥갓·치커리 등)
적당량씩, 겉절이 양념(간장 1큰술, 매실청·
식초·고춧가루 1/2큰술씩, 다진 마늘
1작은술, 통깨 약간)

❶ 솎아낸 어린잎 채소는 깨끗이 씻어 물기를 뺀 후 적당한 크기로 자른다.
❷ 겉절이 양념 재료를 한데 담아 잘 섞어 두었다가 먹기 직전 가볍게 버무린다.

어린잎샐러드

재료 각종 어린잎 채소(쌈배추, 상추, 로메인, 쑥갓, 치마상추 등) 적당량씩, 래디시 · 짭짤이토마토 2개씩,

드라이토마토 · 샴페인 비니거(발효 식초) · 파마산 치즈 · 올리브오일 약간씩

❶, ❷ 쌈배추, 상추, 로메인, 쑥갓, 치마상추 등 어린잎 채소를 솎는다.

❸ 흐르는 물에 깨끗이 씻어 물기를 뺀다.

❹ 짭짤이토마토는 꼭지를 잘라 4등분한다.

❺ ❸과 ❹는 보기 좋게 한데 담은 다음 샴페인 비니거를 살살 뿌린다. 샴페인 비니거는 채소의 양이나 기호에 따라 가감한다.

❻ 파마산 치즈를 그레이터로 갈아 ❺ 위에 솔솔 뿌린다. 래디시는 동글게 모양대로 저며 썬 후 올리브오일에 마리네이드 해놓은 드라이토마토와 함께 보기 좋게 토핑한다.

어린잎루꼴라샐러드

재료 어린잎 루꼴라 · 로메인 적당량씩, 자몽 1/2개, 에멘탈 치즈(또는 모차렐라 치즈) · 드라이토마토 약간씩
샐러드 소스(올리브오일 3큰술, 다진 양파 · 발사믹 식초 1큰술씩, 꿀 1/2큰술, 소금 · 통후추 약간씩)

❶, ❷ 솎아낸 어린잎 루꼴라는 깨끗이 씻어 채소 탈수기로 돌려 물기를 뺀다.

❸ 로메인은 씻어서 한입 크기로 자르고, 자몽은 껍질을 벗겨 과육만 자른다. 에멘탈 치즈는 얇게 저며 썬 다음 루꼴라와 함께 그릇에 보기 좋게 담는다.

❹ 샐러드 소스 재료를 한데 담아 골고루 섞는다.

❺ 미리 준비한 드라이토마토를 채 썬 다음 장식용으로 활용한다(224p 참고).

❻ 샐러드를 먹기 직전에 ④의 소스를 뿌린다.

드라이토마토

재료 방울토마토(또는 얇게 저민 토마토),
소금 · 후춧가루 · 허브가루(바질 · 오레가노 · 로즈메리 등) ·
올리브오일 적당량씩, 저민 마늘 · 통후추 · 월계수잎 약간씩

❶, ❷ 수확한 방울토마토는 꼭지를 떼고 깨끗하게 씻어 물기를 닦은 후 반으로 썬다.

❸ 오븐 트레이에 종이 포일을 깔고 ②를 가지런히 올린 후 짜지 않을 정도로 소금과 후춧가루로 간한다. 실온에서 30분 정도 두어 수분이 빠지도록 한다.

❹, ❺ 130℃로 예열된 오븐에 ③을 넣고 1시간 30분가량 굽는다. 이때 20~30분마다 한 번씩 오븐을 열어 30초 동안 그대로 두었다가 다시 재가동한다. 총 90분 동안 3~4회 정도 반복한다. 오븐 종류마다 온도 및 환경이 다르므로 온도와 시간은 유연하게 설정한다.

❻ 오븐 드라이하는 중간 중간 오븐을 열어 수증기를 빼주어야 타지 않는다.

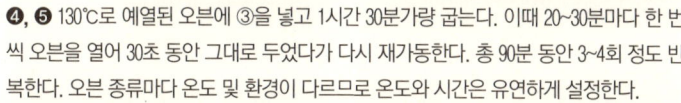

❼ 구운 방울토마토는 식힘 망에 옮겨 김을 빼고, 통풍이 잘 되는 상온에서 좀 더 꾸덕꾸덕해지도록 반나절 동안 말린다.

❽ 오래 보관하기 위해서는 열탕 소독한 유리병에 ⑦을 담고 잠길 정도로 올리브오일을 가득 부은 후 허브가루를 뿌린다. 또는 저민 마늘, 통후추, 월계수 잎을 넣으면 풍미도 좋아지고, 방부제 역할도 한다. 올리브오일에 마리네이드 한 상태로 실온에서 2주 정도 보관 가능하다.

여름, 텃밭이 낳은 것들로
밥해먹기

여름이면 시장 갈 일이 거의 없다시피 합니다.
왜냐? 텃밭이 무궁무진, 풍성해지는 때이니까요.
잎채소는 당연하고, 어느덧 열매들도 조롱조롱 달리기
시작하니 냉큼 따다가 밥상에 올리면 그만입니다.
한식, 양식 가리지 않고 골고루 차려내라
용기 북돋워주는 착한 아이들. 하여튼 저는 채소들이
효자 노릇해 주는 통에 등 따습고, 배부르게 살고 있다니까요.
초여름에서부터 8월까지, 이래저래 식비 걱정 없이
보란 듯이 차려지는 저희 집 식탁도 공개합니다.
자랑이 심한 것 같아… 이거 아주 죄송하게 됐습니다.

요리 그 이전의 사전 조치, 채소 갈무리하기

아욱 갈무리

끓는 소금물에 아욱을 데친 후 찬물에 헹군다. 물이 자작한 상태로 비닐 팩에 납작하게 넣고, 납작 용기에 담아 냉동 보관한다.
물이 자작한 상태로 보관해야 질겨지지 않는다.

호박 갈무리

❶ 수확 시기가 늦은 풋호박은 속을 박박 굵어내 얇게 편으로 썬다.

❷, ❸ 굵직한 황금 주키니호박은 속을 굵어내고 채 썬 다음 볶음용으로 사용한다.

❹ 다양하게 썬 호박들은 채반에 널어 뒤집어가며 말린다.

❺, ❻ 풋호박은 제일 맛나게 생긴 것으로 골라 종이 포일로 싼 다음, 비닐 봉지에 한 번 더 꽁꽁 싸서 냉장실에 보관한다.

❼, ❽ 채반으로도 부족해 캠핑 때 사용하는 식기 건조 망까지 동원.

❾ 볕이 직접 들지 않는, 북쪽 난간에 걸어 말린다.

❿, ⓫, ⓬ 주야장천 비 소식에 기계의 힘을 빌려본다.

⓭, ⓮, ⓯ 말린 호박고지는 유리 밀폐 용기에 종류별로 담고, 방습제를 하나씩 넣어 보관한다.

각종 허브 갈무리

페퍼민트, 애플민트, 바질, 레몬버베나, 로즈메리, 캐모마일, 셀러리 등 조미료로 사용할 허브는 잎만 떼어 말린다. 줄기째 말리는 방법
도 있는데, 처음에는 좀 번거롭지만 나중 일을 줄일 생각이라면 잎만 떼어 말리는 방법을 선택한다. 차로 활용할 캐모마일은 따로 준비
한다.

❶ 각종 허브들은 깨끗이 씻어 물기를 뺀 다음 잎을 따서 채반에 펴서 말린다. 가끔씩 뒤집어가며 말린다. 햇빛이 직접 들지 않는, 바람이 잘 통하는 곳에서 자연 건조 시키는데 고온 건조한 날씨라면 일주일이면 충분하다. 만졌을 때 바스락거리면 OK.

❷ 잘 말린 허브는 채반째 전자레인지에 넣어 20초씩 2~3회 정도 뒤집어가며 굽는다. 이렇게 하면 불순물도 제거되고, 남아 있는 습기도 제거할 수 있다.

❸, ❹ 전자레인지에 구운 허브는 한김 식힌 후 분쇄기에 넣고 간다. 고운 입자를 원한다면 분쇄기에, 거친 입자를 원한다면 절구로 콩콩 찧으면 된다.

❺ 허브가루는 투명 용기에 담아 네임 태그를 붙이고, 햇빛이 들지 않는 건조한 곳, 또는 냉장고에 보관한다.

❻, ❼, ❽ 캐모마일은 물에 가볍게 씻어 물기를 빼고 채반에 겹치지 않도록 편다. 햇빛이 직접 들지 않는, 바람이 잘 통하는 곳에서 뒤집어가며 자연 건조시킨다. 일주일 정도 말린 캐모마일은 밀폐 용기에 담아 방습제와 함께 보관한다.

바질페이스트

재료 생바질 200g, 잣 6큰술, 캐슈넛 3큰술(없으면 생략해도 된다), 올리브오일 16큰술, 마늘 1통, 소금 1큰술, 후춧가루 1작은술,
파마산 치즈가루 1컵

바질페이스트는 이렇게 먹어요

❶ 바질페이스트는 바질과 견과류를 갈아서 올리브오일에 버무린 소스. 쌉싸래하면서도 고소한 맛이 어디에나 잘 어울려서
   한 번 만들기 시작하면 계속 만들어 먹게 된다. 시판 바질페이스트도 있지만, 집에서 만드는 것만큼 맛이 좋을 수야!

❷ 일단 샐러드 소스로 활용하기에 안성맞춤이다. 잎채소들이 고소해진다.

❸ 파스타 소스로도 안성맞춤이다. 생김도 다양한 갖가지 파스타면을 삶은 뒤 바질페이스트에 쓱쓱 버무리기만 하면 끝! 냉파스타로도 그만이다.

❹ 잼 대용으로도 적극 추천! 바게트나 거친 호밀빵, 사실은 그냥 가게 식빵에다 발라 먹어도 더할 나위 없이 맛이 좋다.

❺ 샌드위치를 만들 때는 당연히 엄지 척! 갖은 채소와 달걀, 햄 같은 것들 얹기 전에 빵에다 쓱쓱 발라주면 거침없이 황홀한 맛을 보여준다.

❶ 생바질은 깨끗하게 씻어서 물기를 뺀다.

❷ 잣과 캐슈넛은 기름을 두르지 않은 프라이팬에 살짝 볶는다.

❸ 파마산 치즈는 1컵 분량으로 갈아서 준비한다.

❹, ❺, ❻ 믹서에 생바질, 잣, 캐슈넛, 올리브오일, 마늘, 소금, 후춧가루를 넣고 간다. 이때 올리브오일은 2~3번으로 나누어 넣는다.

❼ 믹서에 파마산 치즈가루를 넣어 골고루 섞일 정도로 간다.

❽, ❾ 미리 열탕 소독한 유리병에 바질페이스트를 담고, 올리브오일을 부어 공기와 닿지 않도록 차단한 후 냉장 보관한다(냉장고에서 7일 정도 보관 가능하다).

바질페이스트는 이렇게 보관해요

❶ 일주일 안에 사용하지 않은 바질페이스트는 붓기 편한 용기에 담는다.

❷ 냉동용 얼음 틀을 준비해 바질 페이스트를 붓는다.

❸ 뚜껑을 덮어 냉동실에서 하루 동안 얼린다.

❹, ❺ 얼음 틀에서 떼어내 밀폐 용기에 담고 냉동 보관한다(냉동실에서 한 달 정도 보관 가능하다).

❶ 생바질은 물에 잘 씻어 물기를 제거한 후 채반에 보름 정도 자연 건조한다.

❷ 건조된 바질은 채반째로 전자레인지에 20초씩 2~3회 정도 뒤집어가며 굽는다. 이렇게 하면 불순물과 잔여 습기가 제거된다.

❸ 전자레인지에 구워낸 바질은 한소끔 김이 빠지길 기다렸다가 절구에 찧는다.

❹, ❺, ❻ ❸은 체에 걸러 가며 곱게 빻는 과정을 반복한다. 마무리가 되면 밀폐 용기에 담아 서늘하고 건조한 곳에 보관하거나 냉장 보관한다.

바질가루 내기

238

바질페이스트 샐러드

재료 바질페이스트 2큰술, 로메인 적당량, 토마토 2개, 생모차렐라 치즈 100g, 블랙 올리브 5개

① 로메인은 깨끗이 씻어 물기를 뺀 후 손으로 뜯어놓고, 토마토는 꼭지를 자르고 4등분한다.

② 생모차렐라 치즈는 한입 크기로 썰고, 블랙 올리브는 2등분한다.

③ 준비한 재료를 한데 담아 바질페이스트를 넣고 살살 버무린다.

브로콜리감자수프

재료 브로콜리 100g, 감자 2개, 버터 1큰술, 우유 2컵, 생크림 3큰술, 소금 · 파슬리가루 · 생바질 약간씩

❶, ❷, ❸ 수확한 브로콜리는 작은 송이로 떼어 소금물에 살짝 데친 후 찬물에 헹궈 체에 밭쳐 물기를 뺀다. 감자는 작게 납작썰기 한다.

❹, ❺, ❻ 달군 팬에 버터를 녹인 후 작게 납작썰기 한 감자를 넣어 달달 볶는다.

❼ 믹서에 볶은 감자, 데친 브로콜리, 우유를 함께 넣어 곱게 간 다음 바닥이 두꺼운 냄비에 담아 살짝만 끓인다.

❽ ❼에 생크림을 넣어 고소함을 더하고 소금으로 간을 맞춘다. 그릇에 담아 파슬리가루를 솔솔 뿌리고, 바질 잎사귀 하나를 띄운다.

래디시피클

재료 래디시 적당량, 오이 1개, 박하 잎 · 소금 약간씩, 피클 양념(식초 · 물 1컵씩, 설탕 3큰술, 소금 ⅔큰술, 월계수 잎 2장, 통후추 · 피클링스파이스 약간씩)

❶ 래디시는 깨끗이 씻어 뿌리 부분만 반으로 자른 다음 소금을 살짝 뿌려 15분 정도 절인다.

❷ 오이는 소금으로 문질러 씻어 0.5cm 두께로 둥글게 썬 후 소금을 살짝 뿌려 15분 정도 절인다. 박하 잎은 잘 씻어 물기를 뺀다.

❸ 피클 양념 재료를 냄비에 담아 재료가 잘 섞이도록 끓인다. 피클 양념은 래디시가 충분히 잠기도록 준비하는데 재료의 양에 맞춰 비율대로 가감한다.

❹, ❺❻ 미리 열탕 소독해 놓은 유리병에 손질한 채소를 담은 다음 뜨거운 피클 양념을 붓는다. 상온에서 식힌 후 하루 정도 냉장 보관해서 먹는다.

미니오이피클

재료 미니오이 적당량, 소금 약간, 피클 양념(식초 · 물 1컵씩, 설탕 3큰술, 소금 ⅔큰술, 월계수 잎 2장, 통후추 · 피클링스파이스 약간씩)

❶, ❷ 오이는 소금으로 문질러 씻어 0.5cm 두께로 둥글게 썬 후 소금을 뿌려 15분 정도 절인다.

❸ 양념은 오이가 충분히 잠기도록 준비하는데 재료의 양에 맞춰 비율대로 가감한다.

❹ 냄비에 담은 양념은 재료가 잘 섞이도록 끓인다.

❺ 미리 열탕 소독해 놓은 유리병에 손질한 오이를 담는다.

❻ 뜨거운 피클 양념을 붓고, 상온에서 식힌 후 하루 정도 냉장 보관했다가 먹는다.

현미완두콩솥밥

재료 현미 2컵, 완두콩 약간, 물 2½컵

❶ 현미는 씻어서 물에 반나절 정도 불린다. 완두콩은 밥을 짓기 직전에 껍질을 까서 씻는다.

❷ 토기 솥에 현미와 분량의 물을 넣고 밥물이 끓기 시작하면 불을 끄고 10분간 뜸을 들인다.

❸ 불을 다시 약불로 켜고 그때 완두콩을 넣어 다시 한 번 뜸을 들인다. 뜸을 들이는 시간은 평소보다 조금 길게 잡는다.

황금주키니호박 볶음밥

재료 황금 주키니호박 1/2개, 양파 · 브로콜리 · 파프리카 등 갖은 채소 적당량씩, 밥 2공기, 소금 · 참기름 · 식용유 약간씩

❶ 호박은 채 썰어 소금에 살짝 절였다가 물기를 꼭 짜고 송송 썬다.

❷ 양파, 브로콜리, 파프리카 등 갖은 채소도 작게 송송 썬다.

❸ 팬에 기름을 두르고 ①과 ②를 넣어 센불에서 재빨리 볶으면서 소금으로 간한다.

❹ 밥을 넣어 골고루 볶은 후 소금으로 간을 맞춘다.

❺ 불을 끄고 참기름을 두른다.

❻ 빛깔 고운 황금주키니호박 볶음밥 완성. 오이 피클이 있으면 함께 상에 낸다.

근대된장국

재료 근대 적당량, 굵은 파 1/3대, 청양고추 1개, 쌀뜨물 4컵, 된장 1큰술, 두절새우 적당량, 다진 마늘 1작은술, 소금 약간

❶ 근대는 물에 깨끗이 씻어 준비한다.

❷ 근대를 한입 크기로 썬다. 굵은 파는 어슷썰기 하고, 청양고추는 송송 썬다.

❸ 미리 쌀뜨물을 준비해 냄비에 담는다.

❹ 쌀뜨물에 된장을 푼다.

❺ 된장 푼 쌀뜨물에 두절새우를 넣고 끓인다.

❻ 끓어오르면 근대를 넣고 중불로 더 끓이다가 청양고추를 넣고 한소끔 더 끓이면서 파와 마늘을 넣고 소금으로 간을 맞춘다.

삭힌 고추

재료 풋고추 1kg, 소금 1컵, 물 9컵

❶ 고추는 깨끗이 씻어 마른 행주로 물기를 닦는다.

❷, ❸ 꼭지는 짧게 자르고, 이쑤시개 또는 포크로 구멍을 콕! 콕! 뚫는다.

❹ 물 : 소금은 9 : 1로 섞어 팔팔 끓인다.

❺ 손질한 고추를 글라스락에 차곡차곡 담고, ④의 뜨거운 소금물을 붓는다.

❻ 누름 접시 등으로 떠오르는 고추를 눌러준다. 하루 이틀 지나면 소금물을 따라내어 다시 한 번 끓여 식힌 후 붓고, 실온에서 10일 정도 삭힌다.

못난이 감자, 감자는 맛있어!

248

감자밥

재료 현미 2컵, 알감자 적당량, 물 2½컵

❶ 현미는 씻어서 분량의 물을 붓고 반나절 정도 불린다. 알감자는 껍질째 깨끗이 씻는다.

❷ 무쇠 솥에 현미를 물과 함께 붓고 알감자를 얹는다. 밥물이 끓기 시작하면 불을 줄이고 구수한 냄새가 날 때까지 20분 이상 익히다가 불을 끄고 5~10분 정도 뜸을 들인다.

감자사과샐러드

재료 감자 3개, 사과 1/2개, 우유 3큰술, 플레인요거트 적당량, 소금 · 후춧가루 약간씩

❶ 감자는 소금을 조금 넣고 푹 삶아 껍질을 벗기고 뜨거울 때 으깬다. 사과는 작게 편으로 썬다.
❷ 으깬 감자에 분량의 우유와 플레인요거트를 넣고 고루 섞은 후 소금, 후춧가루로 심심하게 간한다. 사과를 넣고 버무린다.
❸ 냉장실에서 반나절 정도 차갑게 보관한 뒤 빵에 얹어 먹거나 샐러드로 즐긴다.

감자전

재료 감자 3개, 호박 1/3개, 칵테일새우 · 소금 · 식용유 약간씩

250

❶ 감자는 껍질을 벗겨 믹서에 간 후 체에 걸러 건더기는 따로 담고, 받아 놓은 물은 그대로 두어 전분을 가라앉힌다.

❷ 호박은 곱게 채 썰어 소금에 살짝 절였다가 물기를 꼭 짠다.

❸ 칵테일새우는 끓는 소금물에 살짝 데쳐서 물기를 뺀다.

❹ ①의 받아놓은 윗물은 살살 따라 버린다. 가라앉은 전분만 볼에 담고 감자 건더기도 함께 담아 소금으로 간한다.

❺ 달군 팬에 기름을 두르고 ④를 지름 6㎝ 정도 크기로 부치면서 호박과 칵테일새우를 고명으로 얹는다. 바닥이 노릇노릇해지면 뒤집어 누르면서 부친다.

가을겨울, 잘 먹고 잘 살기

봄여름 식탁이 채소로 찬란했다면 사실,
가을겨울 식탁은 채소보다 고기나 해물…
뭐 그런 것들이 더 많이 올라옵니다. 왜냐하면
살살 찬바람이 들다가 기어이 냉기가 돌면 채소들이
뜸해지거든요. 걔들은 추운 거, 별로 안 좋아하거든요.
김장철이 들어 있으니 김치만으로도 종류가 다양하지만…
사실 김치를 담가 먹은 경력이 얼마 되지 않아서
그 실력은 내놓고 자랑하기가 좀 민망하다지요.
그러다 보니 몇 개 안 되는 음식뿐입니다. 죄송합니다.
앞으로 요리 솜씨 갈고 닦아서 채소로 만든 요리들,
더 알차게 소개해 올리겠습니다.

무 갈무리

❶ 무청은 싹둑 잘라 세탁소 옷걸이에 걸쳐 베란다에서 말린다.

❷ 무는 흙이 묻은 채로 한 개씩 신문지에 둘둘 싸서 비닐 봉지에 한 번 더 밀봉하고, 아이스박스에 넣어 선선한 다용도실에 보관하면 바람 들지 않은 무를 오랫동안 맛볼 수 있다.

255

❸ 깨끗이 세척한 무는 물기를 잘 닦아서 종이 포일로 감싸고, 비닐 팩에 한 개씩 넣은 다음 지퍼 팩에 다시 넣어 냉장 보관한다.

당근 갈무리

❶ 세척한 당근은 물기를 빼서 원형 용기에 세워 넣고 냉장실에 보관한다.
❷ 흙이 묻은 당근은 종이봉투에 담아 서늘한 다용도실에 보관한다.
❸ 그러고도 여유가 있으면 종이봉투에 담아 지인들에게 선물한다.

어린당근피클

재료 어린 당근 적당량, 피클 양념(식초 ·
물 1컵씩, 설탕 3큰술, 소금 ⅔큰술,
월계수 잎 2장, 통후추 · 피클링스파이스
약간씩)

❶ 어린 당근은 깨끗이 씻어 물기를 뺀다.

❷ 피클 양념 재료를 냄비에 담아 잘 섞이
도록 끓인다. 피클 양념은 당근이 잠기도
록 충분히 준비하는데 재료의 양에 맞춰
비율대로 가감한다.

❸ 미리 열탕 소독한 유리병에 어린 당근
을 넣고, 뜨거운 피클 양념을 붓는다.

❹ 상온에서 식힌 후 하루 정도 냉장 보관
했다가 먹는다.

시금치페이스트

재료 시금치 300g, 잣 6큰술, 올리브오일 16큰술, 마늘 1통, 소금 1큰술, 통후추 1작은술,
파마산 치즈가루 1컵

❶ 시금치는 깨끗하게 씻어서 물기를 뺀다.
❷ 잣은 기름을 두르지 않은 팬에 살짝 볶는다.
❸ 파마산 치즈는 미리 갈아둔다.
❹ 믹서에 시금치, 잣, 올리브오일, 마늘, 소금, 후춧가루를 넣고 간다. 이때 올리브오일은 2~3번으로 나누어 넣는다.
❺ 마지막에 파마산 치즈가루를 넣어 섞일 정도로만 후딱 간다.

시금치페이스트, 이렇게 보관하세요!

미리 열탕 소독해 둔 유리병에 시금치페이스트를 담고 위에 올리브오일을 부어 공기와 닿지 않도록 차단하여 냉장 보관한다. 냉장 보관 시 7일 정도 보존 가능하다. 좀 더 오래 보관하려면 시금치페이스트를 짤주머니에 담아 얼음 틀에 짜 넣고, 뚜껑을 덮어 냉동 보관한다. 냉동실에서 한 달 정도 보관 가능하다.

시금치페이스트파스타

재료 스파게티 면(페투치니) 320g, 베이컨 3장, 마늘 4쪽, 시금치페이스트 4큰술,
올리브오일 3큰술, 소금 약간

❶, ❷, ❸ 페투치니는 끓는 물에 소금을 넣고 봉지에 표시되어 있는 시간만큼 삶는다.

❹, ❺ 베이컨은 작게 썰고, 마늘은 저며 썬다. 달군 팬에 올리브오일을 두르고 저민 마늘
을 넣어 중불에서 타지 않게 볶다가 베이컨을 넣어 노릇하게 볶는다.

❻, ❼, ❽ ❺에 시금치페이스트를 넣어 잘 섞어가며 볶다가 삶아 놓은 페투치니를 넣고 센 불에서 재빨리 볶아 낸다.

된장국에 김치 하나면 무얼 더 바랄까!

보리새우시금치된장국

재료 시금치 적당량, 굵은 파 1/3대, 쌀뜨물 4컵, 된장 1큰술, 보리새우 적당량, 다진 마늘 1작은술, 소금 약간

❶ 시금치는 물에 잘 씻어 물기를 빼고. 굵은 파는 어슷썰기 한다.

❷ 쌀뜨물에 된장을 풀고, 보리새우를 함께 넣어 끓인다.

❸, ❹ 된장국이 끓기 시작하면 시금치를 넣고 한소끔 끓인 후 다진 마늘과 파를 넣고 소금으로 간을 맞춘다.

알타리무김치

재료 알타리무 1단, 쪽파 1/3단, 굵은 소금 1컵, 미지근한 물 10컵, 김치 양념(고춧가루 1컵, 말린 고추 5개,
고추씨 · 말린 멸치 · 보리새우 약간씩, 다진 마늘 4큰술), 액젓(까나리액젓 + 멸치액젓) 1/2컵, 찹쌀풀(찹쌀가루 1큰술, 물 1컵)

❶ 분량의 각종 양념을 미리 준비하고 쪽
파는 다듬어 씻어 큼직하게 썬다. 찹쌀로
죽을 멀겋게 쑤어 식혀 놓는다.

❷ 무청은 끝부분을 조금 쳐내고, 밑동은
솔로 쓱쓱 문질러 닦은 다음 미지근한 물
에 소금을 풀어 4~5시간 절인다. 적당히 절
여지면 크기에 따라서 2등분 또는 4등분한
다. 절인 후에 등분을 해야 무의 단맛이 빠
지지 않는다.

❸ 말린 고추는 2등분하여 물에 씻어서 촉
촉하게 불린 다음 물을 조금 붓고 간다.

❹ ③에 말린 멸치와 보리새우도 함께 넣
고 간다.

❺ ④에 찹쌀풀과 다진 마늘, 액젓을 넣어
섞고, 마지막으로 고춧가루와 고추씨도 함
께 넣어 잘 섞는다.

❻ ⑤의 양념을 20~30분 정도 불렸다가 준
비한 알타리무와 쪽파에 넣어 골고루 버무
린다.

❼ 알타리무김치는 유리 용기에 무청을 돌
돌 말아가며 단정하게 담고 랩핑한다. 이
때 전용 젓가락을 하나 넣어 두면 편리하
다. 실온에서 3~4일 정도 숙성시킨 후 냉장
보관한다.

그리고…
아직 못다 한

어떤 이야기

끝인사

저… 엄마 됐어요
채소 엄마 말고, 쌍둥이 엄마요

텃밭이 생기고, 그 밭에 씨를 뿌려 거두면서 '이다음에 엄마가 되면 이렇게 해야지' 생각했어요. 넉넉하게 품어줘야지, 충분히 기다려줘야지, 진심으로 응원하고 전부를 다 걸어 사랑해 줘야지. 흙처럼, 흙이 빚어낸 채소처럼, 정직하고 때 묻지 않은 아이로 키워야지, 하고. 그 바람이 너무 거창했던 것일까. 엄마가 되고 싶었던 꿈을 마음에 품은 채로 10년 가까운 세월을 건너왔습니다. 태생이 명랑한 성품이면서도 때로 가슴이 저릿저릿할 때 있었어요. 살림에 푹 빠져서 콧노래 부르다가도 간혹 시무룩해졌죠. 냉장고 속을 드라마틱하게 정리하는 일보다, 그림 같은 살림을 사는 일보다, 좋은 엄마가 되는 일이 더 간절했던가 봅니다. 그런데 어느 날, 기어이 그 꿈을 이루게 되었습니다. 입양이라는 이름으로, 꽃 같은 두 아이가 저희 품에 안겨졌어요. 가슴으로 낳는 아기도 하늘이 점지해야 하는 거라고 했는데… 하늘이 저희 부부를 어여삐 여겨 주셨는가 봅니다. 하나도 아닌 둘을, 그것도 늠름한 아들과 새초롬한 딸을 동시에! 덕분에 저는 복 터진 쌍둥이 엄마가 되었답니다. 그동안 "그 집에는 아이가 없나 보죠?"라는 물음에 선뜻 대답을 하지 못한 채 살았습니다만… 이제 기꺼이 말하겠습니다. 아이가 없어 때로 아팠던 우리 부부에게 어느 날, 선물처럼 어여쁜 두 아이가 찾아왔노라고.

여름도, 가을도, 메리 크리스마스도 기쁘게 지나왔습니다

은호 그리고 은채

"마님, 은채가 점점 엄마를 쏙 빼닮아가요. 은호도 아빠랑 붕어빵이 되고 있다니까요. 하! 똑같네, 똑같아."

제 책을 기획하고 묶어주는 〈에프북〉은 제겐 친정과도 같은 곳입니다. 가끔, 서울 나들이를 갈 때면 버선발로 달려가서 수다도 떨고 쉬다 오는 곳이죠. 이 책을 마무리하던 즈음에도 남편이랑 두 아이까지 주렁주렁 매단 채 찾아갔었는데 그날, 거기 식구들이 그러대요. 아이들이 점점 엄마 아빠를 빼다 박고 있다고. 사랑하면 닮는다는데… 그 말이 맞는가 봐요. 우리는 서로서로, 뜨겁게 사랑하는 모양이에요.

사랑하는 은호 그리고 은채. 두 아이 덕분에 새 인생을 살기 시작했습니다. 그러느라 제 살림은 완전히 '개밥에 도토리'가 되었습니다. 처음 하는 엄마 노릇에다 그것도 쌍둥이라… 정말 뒤죽박죽이었죠. 남편이 돌아오기 전까지는 그야말로 쫄쫄 굶으면서 아이들만 돌봐도 부족했어요.

저요. 화장실도 못 갔어요. 꼭 참아야 했어요. 어느 날엔가는 배가 너무너무 아파서 참을 수 없는 지경이었죠. '등에 업고 있는 은호를 어떡하지? 그냥 업고 볼일을 봐? 그게 될까? 아냐. 잠깐만 내려놓고 빛의 속도로 거사를 치르자!' 하여 욕실 앞에 아이를 앉혀 놓고, 문도 열어 놓고, 막 일을 강행하려는데 이 녀석이 글쎄 저를 보면서 씨익~ 웃잖아요. 아뉴! "어머! 은호야! 왜 웃어? 엄마 부끄럽게!" 킬킬 웃으며 혼자 떠들었다지요. 나, 참!

'살림이 좋아'는 저의 첫 책 제목이면서 제 인생의 18번 문구입니

다. '흙 살림이 좋아'라는 말도 다르지 않습니다. 그런데 이제 약간의 궤도 수정이 좀 필요한 시기가 된 것 같습니다. 고백하자면 아이들이 생긴 이후로는 살림은 물론, 텃밭 사랑도 별수 없이 소홀해졌거든요. 그렇다고 살림도, 흙 살림도 손을 놓을 수는 없으니… 쉬엄쉬엄 해 볼 참입니다. 대신 '나는 매일 집으로 출근한다'가 아니라 '쌍둥이 엄마라도 살림이 좋아'로 모토를 수정합니다. 아이 둘 키우면서 살림이라니, 앞으로 또 얼마나 엉뚱한 이야기를 펼쳐놓게 될지 사실은 저도 궁금하네요.

이제 날이 좀 풀해지면 아이들 데리고 나가서 텃밭 농사를 지을 생각입니다. 흙에다 풀어놓고 흙냄새 맡으면서 자라게 할 참입니다. 저희 집 남자는 벌써 캠핑 데려갈 궁리를 하죠. 흙에서 크는 아이들은 뭐가 달라도 다를 거라고 해요. 아빠 엄마가 모두 쉴 틈 없이 움직이는 사람들이니 우리 아이들, 고생문이 훤합니다. 하지만 아이들과 함께할 나날들을 그려보면 벌써부터 흥이 나죠. 아이가 생기니 인생이 참 드라마틱해

지는군요. 행복하군요.

"당신, 나랑 결혼한 것을 진심으로 축하해!"

결혼 10주년을 맞은 아침, 남편이 제 등을 쓰다듬으며 말했습니다. "어라? 이 양반 좀 보시게!" 하면서 인상을 썼지만 그의 말에 끄덕끄덕했습니다. 흙처럼 자식 키워 제게 보내주신 두 분 부모님께도 감사했습니다. 제 아이들도 그렇게 키울 참입니다. 어머님께 한 수 배우고, 텃밭에서 거둔 인생의 진리 같은 것 보태가며, 진실하게 말입니다.

첫 생일을 맞은 나의 보물들…

은호야, 은채야! 엄마한테 와줘서 고마워

아직은 모든 것이 다 서툰 엄마지만,
열심히 배워가며 키우겠습니다.
마흔 넘은 늦깎이 엄마라,
인생 공부가 아주 치열할 것 같습니다.

텃밭에서 채소 가꾸는 얘기하다가 뜬금없이,
쌍둥이 얘기로 끝내게 되어 죄송합니다.
하지만 채소 키우기나 자식 키우기나…
사랑 먹여 자라게 하는 건 똑같지 않겠어요?

2014년 어느 봄날, 쌍둥이 엄마 이혜선

흙 살림이 좋아

초판 1쇄 발행 2014년 4월 2일
초판 2쇄 발행 2014년 11월 20일

지은이 | 이혜선
기획·진행 | 1 f·book
　　　　　　김수경, 김연, 배수은, 박혜숙, 김진경, 최윤정
펴낸이 | 김우연, 계명훈
마케팅 | 함송이
경영지원 | 이보혜
디자인 | design group ALL(02-776-9862)
사진 | 이혜선
교정 | 김혜정
인쇄 | 애드샵
펴낸 곳 | for book 서울시 마포구 공덕동 105-219 정화빌딩 3층
　　　　　02-753-2700(판매) 02-335-3012(편집)
출판 등록 | 2005년 8월 5일 제 2-4209호

값 16,000원
ISBN 978-89-93418-78-1 13590